Astronomische Abhandlungen
Ergänzungshefte zu den Astronomischen Nachrichten
Band 12, Nr. 1

Nr. 1

CUNO HOFFMEISTER

# Verzeichnis von 1440 neuen Veränderlichen Sternen mit Angaben über die Art ihres Lichtwechsels

1949

AKADEMIE-VERLAG · BERLIN

ERSCHIENEN IM AKADEMIE-VERLAG GMBH., BERLIN NW 7, SCHIFFBAUERDAMM 19
LIZENZ-NR. 156 · 4937/49-5498/48
GEDRUCKT IM LEIPZIGER DRUCKHAUS, LEIPZIG (M 115)
BESTELL- UND VERLAGSNUMMER 2015/12/1 · PREIS DM 16,50

Astronomische Abhandlungen
Ergänzungshefte zu den Astronomischen Nachrichten
Band 12, Nr. 1

# Verzeichnis von 1440 neuen Veränderlichen Sternen mit Angaben über die Art ihres Lichtwechsels

Von C. Hoffmeister, Sonneberg

(Eingegangen 1948 August 20)

Das nachfolgende Verzeichnis habe ich in der Zeit vom Juni 1945 bis Mai 1946 auf der Sternwarte zu Sonneberg ausgearbeitet, durchweg auf Grund von Plattenvergleichungen mittels des Stereokomparators. Es besteht aus 4 Teilen, von denen die beiden ersten auf Astrographenplatten beruhen, wogegen die folgenden von Überwachungsplatten gewonnen sind. Teil I gibt die Veränderlichen, die auf den Platten des Astrographen 170/1200 mm im Rahmen des Felderplanes zur Statistik der Veränderlichen Sterne gefunden worden sind, Teil II die Veränderlichen von Platten des im August 1945 verlorenen Astrographen 400/1600 mm im Rahmen des erweiterten Felderplanes. Die Veränderlichen des Teils III sind hervorgegangen aus einer Durchmusterung der Überwachungsplatten der Zone $+40°$, aufgenommen in Sonneberg, diejenigen des Teiles IV aus der Bearbeitung der südlichen Überwachungsplatten, aufgenommen auf der astronomischen Station bei Windhoek, Südwestafrika, Breite $-22\overset{\circ}{.}6$. Hinzugefügt sind 15 Sterne, deren Veränderlichkeit schon vordem im Beobachtungs-Zirkular angezeigt worden war, so daß die Liste 1455 Nummern umfaßt, außer denjenigen Sternen, die von anderen Autoren entdeckt, aber noch nicht endgültig anerkannt und benannt waren, und die im Verlaufe dieser Aktion unabhängig aufgefunden worden sind. Da auch zur Zeit der Drucklegung dieser Arbeit noch kein Überblick möglich ist, welche Arbeit hinsichtlich der Aufsuchung neuer Veränderlicher während der Zeit von 1939 bis 1948 im Ausland geleistet worden ist, muß mit der Möglichkeit gerechnet werden, daß dieser oder jener Veränderliche als neu angezeigt ist, der schon in anderswo veröffentlichten Listen auftritt. In diesen Fällen kann die unabhängige Auffindung als sichere Bestätigung der Veränderlichkeit gewertet werden.

Die Bezeichnung S ... in der ersten Spalte ist die laufende Nummer der in Sonneberg entdeckten Veränderlichen. Die Zahlen der letzten Spalte verweisen auf die Bemerkungen im Anhang. In der Spalte „Art des Lichtwechsels" sind als „langsam veränderlich" solche Sterne gekennzeichnet, die weder als langperiodisch erkannt, noch mit einiger Sicherheit irgendeinem anderen Typus zugeschrieben werden konnten; erfahrungsgemäß gehört ihre große Mehrzahl zu den roten Unregelmäßigen und Halbregelmäßigen.

Die Typenspalte bedarf einiger weiterer Erklärungen im Hinblick auf die Anwendung einiger nicht allgemein bekannter Bezeichnungen. Arbeiten des Verfassers etwa seit dem Jahre 1942 haben ergeben, daß der Anteil der Veränderlichen des RW Aurigae-Typus viel größer ist, als bis dahin angenommen werden durfte, daß aber neben den eigentlichen RW Aurigae-Sternen solche existieren, die den Typus in etwas verwischter Form zeigen, sei es, daß die Amplitude relativ klein ist oder die Lichtänderungen relativ langsam verlaufen oder sonst ein wesentliches Kennzeichen fehlt. Solche Sterne sind als „RW Aurigae-ähnlich" bezeichnet (Abkürzung RWs, s = similis). Die „Algol-ähnlichen" Veränderlichen (Abkürzung As) stellen eine Variante des RW Aurigae-Typus dar, gekennzeichnet durch das unperiodische Auftreten Algol-artiger Minima, wobei aber in der Regel auch das Normallicht nicht so gut eingehalten wird wie bei einem echten Bedeckungsstern, und spitze Erhebungen über das Normallicht dann und wann auftreten können. Hier handelt es sich offensichtlich nur um eine äußere Ähnlichkeit mit Bedeckungssternen. Vertreter der raschwechselnden Sterne dieser Art ist u. a. DG Aurigae (Kl. Veröff. Berlin-Babelsberg **24**.120, daselbst unter der Bezeichnung 112.1931 Aur), ein typischer As-Stern mit etwas langsamerem Lichtwechsel ist BO Cephei (Astron. Nachr. **274**.232), eine Übergangsform zum eigentlichen RW Aurigae- (bzw. RWs-) Typus ist BH Cephei (Astron. Nachr. **274**.232). Die Minima zeigen die Tendenz, in Reihen aufzutreten, die durch lange Zeiten der Inaktivität getrennt sind.

Der Zusatz „ähnlich" wird auch gelegentlich mit Bezug auf andere Typen angewandt, z. B. R Coronae Borealis und RV Tauri, wenn es sich um Formen handelt, die den Typus nicht rein verkörpern.

Ich möchte nicht unterlassen, auf die ausgezeichneten Dienste hinzuweisen, welche die Johannesburger Karte bei der Ausführung dieser Arbeit dadurch geleistet hat, daß sie die Bestimmung verbesserter Örter und die Aufklärung von Zweifeln in allen Gegenden des Himmels südlich von $-20°$ Deklination ermöglichte. Die erheblich weiterreichende und qualitativ bessere Wolf-Palisa-Karte deckt ja leider nur einen Teil des Nordhimmels, und das Bedürfnis nach einer der Johannesburger Karte entsprechenden allgemeinen Karte des Nordhimmels war seit langem so stark, daß ich vor einigen Jahren die Schaffung einer solchen Karte in Angriff nahm, mit der Absicht, nach Abschluß der Beobachtungen für den Felderplan die Kartenaufnahmen zur Hauptaufgabe des Astrographen 400/1600 mm zu machen. Der Verlust meines Instrumentes hat, nachdem etwa 30 Aufnahmen erhalten waren, auch diesen Plan zerschlagen.

Erster Teil

# Vergleichungen innerhalb des beschränkten Felderplanes

## Platten des 170/1200 mm-Triplets

| Bezeichnung | 1855.0 α | 1855.0 δ | Helligkeit Max. | Helligkeit Min. | Art des Lichtwechsels | Bemerkungen |
|---|---|---|---|---|---|---|
| | | | **Feld $\varphi_2$ Orionis** | | | |
| S 3714 Ori | $5^h 15^m 30^s$ | $+12° 35'$ | $14^m$ | $16^m$ | Langperiodisch | |
| S 3715 Ori | 5 16 18 | + 6 10.0 | 13 | 14 | Langperiodisch | |
| S 3716 Ori | 5 20 27 | + 8 33.9 | 13 | 13.5 | Langsam veränderlich | 1 |
| S 3717 Ori | 5 21 48 | +12 5 | 15 | 16 | Langsam veränderlich | 2 |
| S 3718 Ori | 5 22 6 | +12 0 | 13.5 | 14 | Kurzperiodisch | |
| 43.1939 Ori | 5 23 24 | +12 2.3 | 11.5 | 12.5 | Unregelmäßig | 3 |
| S 3719 Ori | 5 25 36 | +12 3 | 15 | 16 | Langsam veränderlich | |
| S 3720 Ori | 5 27 12 | +13 23 | 13 | 13.5 | Langsam veränderlich | 4 |
| S 3721 Ori | 5 31 11 | + 9 20.3 | 15 | 16 | Langsam veränderlich? | |
| S 3722 Ori | 5 32 34 | +12 43.8 | 14.5 | 15.5 | Langsam veränderlich | |
| S 3723 Ori | 5 33 32 | + 9 2.4 | 15 | 16.5 | Mittlere Periode? | |
| S 3724 Ori | 5 35 26 | + 9 0.9 | 14 | 15 | Kurzperiodisch | |
| S 3725 Ori | 5 36 13 | +11 44.6 | 13.5 | 14.5 | Langsam veränderlich | 5 |
| S 3726 Ori | 5 36 16 | + 6 53.1 | 12 | 12.5 | Langsam veränderlich? | 6 |
| S 3727 Ori | 5 37 29 | +12 12.4 | 13.5 | [16 | Mira | |
| S 3728 Ori | 5 39 18 | + 5 50 | 13 | 14.5 | Algol | |
| S 3729 Ori | 5 42 43 | + 9 15.5 | 14 | 15.5 | Algol-ähnlich? | |
| S 3730 Ori | 5 44 53 | +13 4.4 | 13.5 | 14 | Kurzperiodisch? | 7 |
| | | | **Feld 130 Tauri** | | | |
| S 3731 Tau | 5 21 43 | +21 46.3 | 13 | 14 | Langsam veränderlich | |
| S 3732 Tau | 5 22 33 | +21 54.1 | 14 | 14.5 | Langsam veränderlich? | |
| HV 6915 Tau | 5 29 18 | +17 39.7 | 14 | 16 | Langperiodisch? | 8 |
| S 3733 Tau | 5 32 42 | +16 30.9 | 12 | 12.5 | Langsam veränderlich | 9 |
| S 3734 Tau | 5 33 55 | +21 56.7 | 13.5 | 14.5 | Mittlere Periode? | 10 |
| S 3735 Tau | 5 34 4 | +19 17.3 | 13 | 14 | Langsam veränderlich | |
| Pr 2782 Tau | 5 34 48 | +19 19.6 | 13 | 13.5 | Kurzperiodisch? | 11 |
| HV 6920 Tau | 5 34 58 | +19 20.9 | 14 | 15 | Kurzperiodisch? | |
| 281.1934 Tau | 5 37 6 | +15 26.9 | 11 | 12 | Langsam veränderlich | 12 |
| S 3736 Tau | 5 37 10 | +18 34.6 | 8.5 | 9 | Kurzperiodisch | 13 |
| HV 6922 Tau | 5 37 13 | +18 34.4 | 14.5 | 16 | Langperiodisch? | |
| S 3737 Tau | 5 37 18 | +16 25 | 12.5 | 13.5 | Unregelmäßig | 14 |
| HV 6923 Tau | 5 38 28 | +17 51.7 | 13.5 | 14.5 | Langsam veränderlich | |
| S 3738 Tau | 5 40 48 | +19 45 | 15 | [16.5 | Mira | |
| S 3739 Tau | 5 41 9 | +13 7.6 | 13 | 14 | Langsam veränderlich | 15 |
| S 3740 Ori | 5 41 21 | +21 48.6 | 13.5 | 14 | Langsam veränderlich | |
| S 3741 Ori | 5 41 30 | +19 56 | 13.5 | 14.5 | Algol | |
| S 3742 Tau | 5 41 54 | +15 56 | 13 | [16.5 | Mira | |
| S 3743 Tau | 5 43 12 | +15 59 | 12.5 | 13.5 | Algol | |
| S 3744 Ori | 5 44 57 | +21 43.3 | 14 | 14.5 | Langsam veränderlich | |
| S 3745 Ori | 5 48 58 | +21 45.7 | 14.5 | 15.5 | Kurzperiodisch | |
| S 3746 Ori | 5 49 0 | +14 3 | 14.5 | 15 | Kurzperiodisch? | 16 |
| S 3747 Ori | 5 50 48 | +20 1 | 11.5 | 12 | Kurzperiodisch | 17 |
| S 3748 Ori | 5 52 42 | +16 54 | 13.5 | 14.5 | Langsam veränderlich | |
| S 3749 Ori | 5 55 18 | +14 42 | 14 | [16.5 | Algol | |
| S 3750 Ori | 5 55 20 | +21 13.4 | 14 | 15 | Langsam veränderlich | |
| | | | **Feld ε Geminorum** | | | |
| S 3751 Gem | 6 28 57 | +13 15.4 | 14.5 | 15 | Algol | 18 |
| S 3752 Gem | 6 38 53 | +15 52.3 | 13.5 | 14 | Kurzperiodisch? | 19 |
| S 3753 Gem | 6 40 48 | +16 19.2 | 14 | 15 | Langsam veränderlich | |

| Bezeichnung | 1855.0 α | δ | Helligkeit Max. | Min. | Art des Lichtwechsels | Bemerkungen |
|---|---|---|---|---|---|---|
| | | | **Feld ε Geminorum (Fortsetzung)** | | | |
| S 3754 Gem | 6h 48m 54s | +16° 40′ | 15m | [16m | Algol | |
| S 3755 Gem | 6 49 36 | +11 59 | 13 | 14 | Kurzperiodisch | |
| S 3756 Gem | 6 49 42 | +13 18 | 12.5 | 14.5 | Algol | |
| S 3757 Gem | 6 51 18 | +12 29 | 12.5 | [16 | Mira | |
| S 3758 Mon | 6 52 36 | +10 46 | 12.5 | [16 | Langperiodisch? | 20 |
| S 3759 Mon | 6 53 24 | +10 37 | 14.5 | 15.5 | Langsam veränderlich | |
| 88.1933 Mon | 6 54 7 | +10 57.7 | 14 | [16 | Mira | |
| S 3760 Gem | 6 54 18 | +17 42 | 13 | 14 | Langsam veränderlich | 21 |
| S 3761 Gem | 6 57 30 | +10 51 | 14 | 15 | Algol | 22 |
| S 3762 CMi | 6 59 48 | +12 10 | 14.5 | [16 | Algol | |
| S 3763 Gem | 7 1 48 | +15 0.7 | 14.5 | 16 | Kurzperiodisch | |
| | | | **Feld ι Canis Maioris** | | | |
| S 3764 CMa | 6 32 0 | −16 50 | 13.5 | 14.5 | Langsam veränderlich? | |
| S 3765 CMa | 6 33 30 | −13 47 | 13 | 13.5 | Algol? | |
| S 3766 CMa | 6 36 1 | −14 18.9 | 10.5 | 12 | Langperiodisch | 23 |
| S 3767 CMa | 6 36 12 | −18 52 | 12 | 13 | Langsam veränderlich | |
| S 3768 CMa | 6 38 42 | −21 7 | 13.5 | [15.5 | Mira | |
| S 3769 CMa | 6 39 36 | −12 45 | 13 | 14 | Langsam veränderlich? | |
| S 3770 CMa | 6 39 48 | −18 38 | 13 | [16 | Mira | 24 |
| S 3771 CMa | 6 40 0 | −12 37 | 14.5 | [16 | Mira | |
| S 3772 CMa | 6 40 18 | −19 11 | 13.5 | 14 | Langsam veränderlich | |
| S 3773 CMa | 6 41 6 | −13 30 | 12.5 | 14 | Kurzperiodisch | |
| S 3774 CMa | 6 42 24 | −13 37 | 14.5 | [16 | Mira | |
| S 3775 CMa | 4 43 6 | −14 37 | 13 | 13.5 | Algol | 25 |
| S 3776 CMa | 6 45 30 | −18 53 | 12 | [16 | Mira | |
| S 3777 CMa | 6 47 24 | −13 3 | 13 | 14 | Langsam veränderlich? | |
| S 3778 CMa | 6 48 36 | −13 58 | 13 | 14 | Langsam veränderlich | |
| 676.1936 CMa | 6 48 48 | −16 37 | 13.5 | [16 | Mira | 26 |
| S 3779 CMa | 6 49 12 | −16 40 | 13 | 14 | Langperiodisch | |
| S 3780 CMa | 6 53 30 | −15 44 | 13.5 | 14 | Langsam veränderlich | |
| S 3781 CMa | 6 54 54 | −14 11 | 15 | 16 | Algol? | |
| S 3782 CMa | 7 0 0 | −15 36 | 14.5 | 15.5 | Kurzperiodisch? | |
| S 3783 CMa | 7 1 48 | −18 18 | 11.5 | 12.5 | Langsam veränderlich | |
| S 3784 CMa | 7 5 42 | −19 7 | 13.5 | 14.5 | Langsam veränderlich | |
| S 3785 CMa | 7 7 36 | −19 27 | 13 | 14 | Langsam veränderlich | |
| S 3786 CMa | 7 8 18 | −17 13 | 13.5 | 14.5 | Langsam veränderlich | |
| | | | **Feld ϱ Puppis** | | | |
| S 3787 Pup | 7 48 56 | −22° 47.6 | 13 | 13.5 | Algol? | |
| S 3788 Pup | 7 58 29 | −19 51.7 | 14.5 | 15 | Kurzperiodisch? | |
| S 3789 Pup | 8 2 17 | −20 55.7 | 13 | 14 | Mittlere Periode? | |
| S 3790 Pup | 8 5 48 | −22 51.0 | 12 | 13 | Algol | |
| S 3791 Pup | 8 10 2 | −21 0.6 | 13.5 | 14 | Langsam veränderlich? | |
| S 3792 Pup | 8 17 41 | −21 29.6 | 13 | 14.5 | Algol | |
| S 3793 Pup | 8 17 47 | −21 30.5 | 14 | 15 | Langsam veränderlich | 27 |
| S 3794 Pup | 8 18 58 | −22 21.4 | 14 | 14.5 | Kurzperiodisch | |
| | | | (Folgende 4 Sterne Äquinoktium 1875.0) | | | |
| S 3795 Pup | 7 45 0 | −23 6.4 | 13.5 | 14.5 | Langsam veränderlich | |
| S 3796 Pup | 8 2 23 | −24 57.8 | 10.5 | 11.5 | Algol | 28 |
| S 3797 Pup | 8 7 54 | −26 51.0 | 13.5 | 14.5 | Langsam veränderlich | |
| S 3798 Pup | 8 20 14 | −23 15.2 | 13 | 14 | Algol | 29 |
| | | | **Feld κ Lyrae** | | | |
| S 3799 Her | 18 3 24 | +32 0 | 14.5 | 15 | Langsam veränderlich | |
| S 3800 Her | 18 4 30 | +35 7 | 13 | 14 | Langperiodisch | |
| 364.1933 Her | 18 4 59 | +35 48.3 | 12.5 | 13.5 | Langperiodisch? | |
| S 3801 Lyr | 18 11 48 | +34 47 | 12.5 | 13.5 | Langsam veränderlich | |
| S 3802 Lyr | 18 17 18 | +32 53 | 11.5 | 12 | Kurzperiodisch | |
| S 3803 Lyr | 18 23 12 | +38 54 | 14 | 14.5 | Bedeckungsstern? | |
| S 3804 Lyr | 18 23 24 | +32 11 | 13 | [16 | Mira | |
| S 3805 Lyr | 18 25 48 | +38 17 | 14 | 14.5 | Kurzperiodisch | |
| S 3806 Lyr | 18 26 0 | +38 32.5 | 10 | 11 | Langsam veränderlich | 30 |
| S 3807 Lyr | 18 26 6 | +37 39 | 14 | 15 | Kurzperiodisch | |
| S 3808 Lyr | 18 30 18 | +38 13 | 14 | [16.5 | Mira | |
| S 3809 Lyr | 18 33 0 | +32 26 | 14 | 16 | Langperiodisch | |

| Bezeichnung | 1855.0 α | δ | Helligkeit Max. | Min. | Art des Lichtwechsels | Bemerkungen |
|---|---|---|---|---|---|---|
| | | | **Feld 33 Cygni** | | | |
| S 3810 Dra | $19^h 43^m 42^s$ | $+59° 13'$ | $12^m$ | $13^m.5$ | Langsam veränderlich | |
| S 3811 Cyg | 19 44 56 | +52 25.9 | 13.5 | 14 | Langsam veränderlich | |
| S 3812 Cyg | 19 45 2 | +52 54.9 | 15 | 16 | Langsam veränderlich | |
| S 3813 Cyg | 19 46 30 | +58 8 | 13.5 | [16.5 | Mira | |
| 710.1933 Cyg | 19 50 11 | +56 14.3 | 13 | [16.5 | Mira | |
| S 3814 Cyg | 19 53 32 | +54 24.4 | 8.5 | 9 | Kurzperiodisch | 31 |
| S 3815 Cyg | 19 53 30 | +52 47.3 | 14 | 15 | Langsam veränderlich | |
| S 3816 Cyg | 19 57 55 | +53 4.7 | 15. | 15.5 | Langsam veränderlich | |
| S 3817 Cyg | 19 59 42 | +56 26 | 12 | [16.5 | Mira? | 32 |
| S 3818 Cyg | 20 2 20 | +52 39.3 | 14.5 | 15.5 | Kurzperiodisch | |
| S 3819 Cyg | 20 4 0 | +57 52 | 13 | 14 | Kurzperiodisch? | |
| 442.1934 Cyg | 20 4 9 | +56 33.5 | 11.5 | 12.5 | Langsam veränderlich | 33 |
| S 3820 Cyg | 20 5 24 | +59 25 | 15 | 16 | Langsam veränderlich? | |
| S 3821 Cyg | 20 5 54 | +51 47.6 | 14.5 | 15.5 | Langsam veränderlich | |
| S 3822 Cyg | 20 6 0 | +59 1 | 15 | 16 | Langsam veränderlich | 34 |
| 443.1934 Cyg | 20 6 9 | +57 37.5 | 14 | [16.5 | Mira | |
| S 3823 Cyg | 20 6 36 | +59 5 | 12 | 13 | Langsam veränderlich | 35 |
| S 3824 Cyg | 20 8 20 | +54 3.8 | 12.5 | [16.5 | Mira | 36 |
| S 3825 Cyg | 20 11 36 | +59 18 | 14.5 | 16.5 | Langperiodisch | |
| S 3826 Cyg | 20 13 0 | +52 45 | 15.5 | [16.5 | Mira | |
| S 3827 Cyg | 20 16 42 | +54 41 | 15 | [16 | Mira | |
| S 3828 Cyg | 20 19 24 | +58 52 | 13 | 14 | Langsam veränderlich | 37 |
| S 3829 Cyg | 20 19 36 | +53 46 | 14 | 15 | Langsam veränderlich | |
| S 3830 Cyg | 20 21 48 | +51 41 | 13 | 14.5 | Unregelmäßig | 38 |
| S 3831 Cep | 20 21 45 | +59 30.3 | 12.5 | 13 | Unregelmäßig | |
| S 3832 Cyg | 20 22 1 | +56 29.8 | 11.5 | 12 | Kurzperiodisch? | 39 |
| S 3833 Cyg | 20 23 29 | +58 18.3 | 10 | 11 | Algol | 40 |
| 727.1933 Cyg | 20 24 50 | +52 4.8 | 12.5 | [16.5 | Mira | |
| S 3834 Cyg | 20 25 0 | +56 17.3 | 15 | 15.5 | Langsam veränderlich? | 41 |
| 449.1934 Cyg | 20 27 36 | +54 23.2 | 14.5 | [16 | Mira | 42 |
| S 3835 Cyg | 20 29 38 | +54 50.1 | 13 | 14 | Langsam veränderlich | |
| S 3836 Cyg | 20 30 24 | +59 43.8 | 14 | 15 | Algol | 43 |
| S 3837 Cyg | 20 31 28 | +53 25.8 | 14 | 15 | Langsam veränderlich | 44 |
| S 3838 Cyg | 20 31 35 | +55 28.7 | 14.5 | [16.5 | Mira | |
| S 3839 Cyg | 20 33 5 | +59 35.1 | 13 | 13.5 | Langsam veränderlich | |
| S 3840 Cyg | 20 33 57 | +54 46.0 | 13.5 | 14 | Kurzperiodisch? | |
| S 3841 Cep | 20 37 43 | +57 55.2 | 13.5 | 14 | Langsam veränderlich | |
| S 3842 Cep | 20 39 10 | +58 46.4 | 14 | [16 | Mira | |
| | | | **Feld $20^h 18^m$ +30°** | | | |
| S 3843 Cyg | 19 55 18 | +30 27 | 12 | 12.5 | Langsam veränderlich | 45 |
| S 3844 Cyg | 19 57 18 | +29 55.7 | 15 | [16.5 | Langperiodisch | 46 |
| S 3845 Vul | 19 58 7 | +27 49.4 | 15 | 16 | Algol | |
| S 3846 Cyg | 19 58 17 | +29 33.1 | 11.5 | 12.5 | Langsam veränderlich | |
| S 3847 Cyg | 19 59 26 | +31 57.1 | 15 | [18 | U Gem | 47 |
| S 3848 Cyg | 20 0 15 | +30 15.8 | 14 | 15 | Unregelmäßig? | 48 |
| S 3849 Cyg | 20 0 23 | +32 44.5 | 15.5 | [16.5 | Algol | |
| S 3850 Cyg | 20 0 30 | +31 44.1 | 13 | 14 | Langsam veränderlich? | |
| S 3851 Cyg | 20 2 0 | +33 29.3 | 14.5 | 15.5 | RW Aur-ähnlich? | 49 |
| S 3852 Cyg | 20 3 48 | +28 58.3 | 12 | 12.5 | Algol | |
| S 3853 Cyg | 20 4 3 | +29 55.5 | 12 | 12.5 | Kurzperiodisch | 50 |
| S 3854 Cyg | 20 6 30 | +34 12 | 13 | 14 | Kurzperiodisch | |
| S 3855 Cyg | 20 7 18 | +31 48 | 12.5 | [16.5 | Mira | |
| S 3856 Cyg | 20 7 42 | +32 29 | 13 | 13.5 | Algol | 51 |
| S 3857 Cyg | 20 8 12 | +33 50 | 14 | 15 | Algol | |
| S 3858 Vul | 20 9 12 | +25 37.2 | 13 | 14 | Langsam veränderlich? | |
| S 3859 Cyg | 20 9 18 | +34 17 | 12.5 | 14 | Kurzperiodisch | |
| 985.1935 Vul | 20 11 33 | +26 26.5 | 13.5 | [16.5 | Mira | 52 |
| S 3860 Vul | 20 15 2 | +27 6.4 | 12.5 | 13 | Algol | 53 |
| S 3861 Vul | 20 15 23 | +26 14.5 | 14.5 | [16.5 | Mira | |
| S 3862 Vul | 20 21 52 | +25 35.0 | 14 | 15 | Langperiodisch | |
| S 3863 Cyg | 20 23 42 | +32 18 | 12.5 | 13 | RW Aur-ähnlich? | 54 |
| S 3864 Cyg | 20 29 48 | +33 53 | 15 | [16 | Mira | |

Zweiter Teil

# Vergleichungen innerhalb des erweiterten Felderplanes

## Platten des 400/1600 mm-Astrographen

| Bezeichnung | 1855.0 α | δ | Helligkeit Max. | Min. | Art des Lichtwechsels | Bemerkungen |
|---|---|---|---|---|---|---|
| | | **Feld φ Cassiopeiae** | | | | |
| S 3865 Cas | $0^h 30^m 18^s$ | +60° 26′ | $14^m$ | [$16^m.5$ | U Gem | 55 |
| S 3866 Cas | 0 35 36 | +58 7 | 13.5 | 14 | Langsam veränderlich | 56 |
| S 3867 Cas | 0 42 0 | +59 25 | 14.5 | 15 | Langsam veränderlich | 57 |
| S 3868 Cas | 0 44 12 | +59 47 | 15 | 17 | Langperiodisch | |
| S 3869 Cas | 0 44 30 | +59 55 | 15.5 | 16.5 | Algol | 58 |
| S 3870 Cas | 0 44 30 | +62 34 | 14 | 15 | Langsam veränderlich | 59 |
| S 3871 Cas | 0 46 6 | +53 39 | 11 | 12 | Bedeckungsveränderlicher | 60 |
| S 3872 Cas | 0 52 54 | +53 23 | 15.5 | 16.5 | Langsam veränderlich | 61 |
| S 3873 Cas | 0 55 54 | +62 33 | 14.5 | 15 | Algol | 62 |
| S 3874 Cas | 0 56 12 | +53 20 | 12.5 | 14 | Algol | 63 |
| S 3875 Cas | 0 59 30 | +57 56 | 10.5 | 11. | Kurzperiodisch | 64 |
| S 3876 Cas | 1 2 36 | +61 24 | 15 | 17 | Algol? | 65 |
| S 3877 Cas | 1 5 18 | +61 17 | 15.5 | 16.5 | Kurzperiodisch | 66 |
| S 3878 Cas | 1 7 17 | +54 44.1 | 11 | 11.5 | Unregelmäßig | 67 |
| S 3879 Cas | 1 10 54 | +56 44 | 11 | 12 | Langsam veränderlich | 68 |
| S 3880 Cas | 1 13 24 | +53 37 | 13 | 13.5 | δ Cephei-Stern | 69 |
| S 3881 Cas | 1 14 24 | +61 45 | 13.5 | 14 | Kurzperiodisch | 70 |
| S 3882 Cas | 1 19 12 | +60 28 | 15.5 | 16.5 | Langsam veränderlich | 71 |
| S 3883 Cas | 1 21. 48 | +57 9 | 13 | [17.5 | U Gem | 72 |
| S 3884 Per | 1 23 0 | +53 30 | 13.5 | 14 | Algol | 73 |
| S 3885 Cas | 1 23 1 | +62 17.7 | 9.5 | 10 | Algol | 74 |
| S 3886 Cas | 1 23 24 | +57 17 | 14.5 | 17 | Langperiodisch | |
| S 3887 Cas | 1 26 24 | +54 56 | 14 | 15 | Kurzperiodisch | 75 |
| S 3888 Cas | 1 27 0 | +60 28 | 15 | [17 | Algol | |
| S 3889 Cas | 1 28 54 | +55 13 | 15 | 17 | Langsam veränderlich | 76 |
| S 3890 Cas | 1 32 0 | +58 27 | 12.5 | 13.5 | Langsam veränderlich | 77 |
| S 3891 Cas | 1 32 45 | +54 13.3 | 10 | 10.5 | Algol | 78 |
| S 3892 Per | 1 42 24 | +56 24 | 13 | 14.5 | Algol | |
| | | **Feld $4^h 35^m$ +40°** | | | | |
| S 3893 Per | 4 8 49 | +35 24.4 | 14 | 16.5 | Langperiodisch | |
| S 3894 Per | 4 9 54 | +40 47 | 12.5 | 13 | Langsam veränderlich | 79 |
| S 3895 Per | 4 10 54 | +40 42 | 15 | 15.5 | Langsam veränderlich | |
| S 3896 Per | 4 11 6 | +40 35 | 15 | 16.5 | Kurzperiodisch | |
| S 3897 Per | 4 13 0 | +43 53 | 13.5 | 15 | Kurzperiodisch | |
| S 3898 Per | 4 13 24 | +42 2 | 15 | 15.5 | Algol | 80 |
| S 3899 Per | 4 13 54 | +41 34 | 15 | [16.5 | Mira | 81 |
| S 3900 Per | 4 19 30 | +41 42 | 10.5 | 11 | Algol | |
| S 3901 Per | 4 23 0 | +41 38 | 15 | [16.5 | Langperiodisch | 82 |
| S 3902 Per | 4 26 18 | +41 16 | 12.5 | 15.5 | Algol | |
| S 3903 Per | 4 26 50 | +43 55.0 | 10 | 10.5 | Kurzperiodisch | 83 |
| S 3904 Per | 4 27 54 | +39 37 | 15 | 16 | Langsam veränderlich? | |
| S 3905 Per | 4 33 30 | +39 26 | 13.5 | 15.5 | Algol | |
| S 3906 Per | 4 34 36 | +43 20 | 16 | 17 | Kurzperiodisch | |
| S 3907 Per | 4 36 36 | +36 41 | 14.5 | 16.5 | Algol | |
| S 3908 Aur | 4 45 54 | +37 7 | 12.5 | 14 | Algol | |
| S 3909 Aur | 4 51 30 | +39 34 | 12.5 | 13 | Kurzperiodisch | 84 |
| S 3910 Aur | 4 53 42 | +40 18 | 13.5 | 15 | Langperiodisch | |
| S 3911 Aur | 4 55 30 | +41 1 | 13 | 13.5 | Kurzperiodisch | 85 |
| S 3912 Aur | 4 56 30 | +40 22 | 13.5 | 14 | Algol | |
| | | **Feld $\varphi_2$ Orionis** | | | | |
| S 3913 Ori | 5 9 51 | + 5 50.3 | 16 | [17 | Algol? | |
| S 3914 Ori | 5 10 30 | +13 49 | 11 | 12.5 | Kurzperiodisch | |
| S 3915 Ori | 5 13 0 | +12 35 | 14 | 15 | Mittlere Periode | 86 |
| S 3916 Ori | 5 15 42 | +14 24 | 12.5 | [15.5 | Mira | |
| S 3917 Ori | 5 20 38 | + 4 14.2 | 13.5 | 14.5 | Kurzperiodisch | |
| S 3918 Ori | 5 23 12 | +11 18 | 14.5 | 16 | Kurzperiodisch | |
| S 3919 Ori | 5 23 18 | +12 3 | 14 | 15 | Unregelmäßig | 87 |
| S 3920 Ori | 5 23 42 | +12 10 | 14 | 15.5 | Unregelmäßig | 88 |
| S 3921 Ori | 5 24 12 | +12 2 | 16 | [17 | Unregelmäßig? | 89 |
| S 3922 Ori | 5 24 30 | +12 12 | 15.5 | [17 | Langperiodisch? | |

| Bezeichnung | 1855.0 α | δ | Helligkeit Max. | Min. | Art des Lichtwechsels | Bemerkungen |
|---|---|---|---|---|---|---|
| | | | **Feld $\varphi_2$ Orionis (Fortsetzung)** | | | |
| S 3923 Ori | $5^h28^m51^s$ | $+10^\circ 27'.7$ | $16^m$ | $[17^m.5$ | Langperiodisch? | |
| S 3924 Ori | 5 30 2 | +12 27.6 | 15.5 | 16.5 | Algol | |
| S 3925 Ori | 5 34 18 | + 8 39.2 | 13.5 | 16.5 | Langperiodisch | 90 |
| S 3926 Ori | 5 34 44 | +11 2.6 | 12.5 | 13 | Algol | |
| S 3927 Ori | 5 35 58 | + 9 13.1 | 12.5 | 13 | Algol | 91 |
| S 3928 Ori | 5 36 12 | + 9 4.9 | 14.5 | [17 | RW Aur | 92 |
| S 3929 Ori | 5 39 15 | +10 1.4 | 12 | 13 | Langsam veränderlich | 93 |
| S 3930 Ori | 5 42 33 | +10 20.8 | 14.5 | 16 | Kurzperiodisch | 94 |
| S 3931 Ori | 5 47 0 | + 4 50 | 12 | 13 | Kurzperiodisch | |
| S 3932 Ori | 5 47 56 | + 7 48.0 | 13 | 14 | Algol | |
| | | | **Feld 130 Tauri** | | | |
| S 3933 Tau | 5 20 18 | +16 0 | 14 | 15 | Algol | |
| S 3934 Tau | 5 22 36 | +18 26.5 | 10.5 | 11 | Langsam veränderlich? | 95 |
| S 3935 Tau | 5 36 8 | +13 23.6 | 14.5 | 15.5 | Kurzperiodisch | |
| S 3936 Tau | 5 45 18 | +13 54 | 15 | [17 | Mira | |
| S 3937 Ori | 5 47 42 | +16 26 | 15 | 16 | Kurzperiodisch | |
| S 3938 Ori | 5 47 53 | +12 37.2 | 14 | 16 | Langperiodisch | 96 |
| S 3939 Ori | 5 49 0 | +19 47 | 15 | 16 | Kurzperiodisch | |
| S 3940 Ori | 5 51 18 | +16 51 | 15.5 | 17 | Algol | 97 |
| S 3941 Ori | 5 53 6 | +15 30 | 12.5 | 13 | Kurzperiodisch | 98 |
| | | | **Feld 136 Tauri** | | | |
| S 3942 Tau | 5 27 4 | +24 38.8 | 8.7 | 10.5 | RW Aur | 99 |
| SVS 332 Aur | 5 30 18 | +32 28.9 | 12.3 | 13.5 | Algol | 100 |
| S 3943 Aur | 5 33 38 | +32 7.6 | 14.3 | 14.9 | Algol | 101 |
| S 3944 Aur | 5 34 18 | +30 48.7 | 11.7 | 12.0 | Algol | 102 |
| S 3945 Aur | 5 35 11 | +30 36.3 | 13.5 | 14.1 | Unregelmäßig | |
| S 3946 Aur | 5 38 38 | +28 31.7 | 14.4 | 16.2 | RW Aur | 103 |
| S 3947 Aur | 5 38 48 | +32 11 | 13.4 | 14.2 | Unregelmäßig | 104 |
| S 3948 Aur | 5 40 20 | +31 3.8 | 15.0 | 16.7 | Algol | |
| S 3949 Tau | 5 42 37 | +24 0.9 | 12.5 | 13.0 | Algol | 105 |
| S 3950 Aur | 5 44 48 | +32 27 | 13.5 | 14.0 | Algol | |
| S 3951 Aur | 5 45 11 | +28 34.2 | 14.1 | 16.0 | RW Aur | 106 |
| S 3952 Aur | 5 46 1 | +28 41.5 | 15.1 | 16.5 | Algol | 107 |
| S 3953 Tau | 5 49 45 | +27 3.5 | 10.4 | 11.5 | RW Aur | 108 |
| S 3954 Tau | 5 51 25 | +23 53.7 | 13.6 | 14.4 | Algol-ähnlich | |
| S 3955 Gem | 5 52 35 | +23 50.7 | 14.8 | [16.9 | Mira | 109 |
| S 3956 Gem | 5 54 6 | +26 37.4 | 13.6 | 14.1 | Unregelmäßig | |
| S 3957 Gem | 5 54 30 | +24 2.8 | 14.9 | 15.5 | Bedeckungsstern | 110 |
| S 3958 Gem | 5 56 34 | +22 32.9 | 14.1 | 15.0 | RW Aur-ähnlich | 111 |
| S 3959 Aur | 5 57 24 | +31 56 | 13.2 | 14.5 | Algol | 112 |
| S 3960 Aur | 5 57 30 | +32 13 | 13.7 | 14.6 | Unregelmäßig | 113 |
| S 3961 Aur | 6 0 16 | +28 30.7 | 14.6 | [16.6 | Mira | 114 |
| S 3962 Gem | 6 1 46 | +25 12.1 | 15.3 | 15.9 | Kurzperiodisch | |
| S 3963 Aur | 6 2 21 | +29 27.8 | 11.6 | 11.9 | $\beta$ Lyr | 115 |
| | | | **Feld ν Geminorum** | | | |
| S 3964 Ori | 6 2 54 | +18 35 | 11 | 11.5 | Kurzperiodisch | 116 |
| S 3965 Ori | 6 3 18 | +19 58 | 15 | 15.5 | Bedeckungsveränderlicher | 117 |
| S 3966 Ori | 6 7 0 | +15 31 | 14 | [16 | U Gem | 118 |
| S 3967 Ori | 6 11 42 | +17 40 | 13.5 | 16 | Langperiodisch | |
| S 3968 Gem | 6 14 41 | +20 53.9 | 15 | 16 | Bedeckungsveränderlicher | 119 |
| S 3969 Gem | 6 15 42 | +18 45 | 14.5 | 15 | Kurzperiodisch | 120 |
| 4.1934 Gem | 6 15 56 | +18 43.5 | 14 | 14.5 | Langsam veränderlich | 121 |
| S 3970 Gem | 6 16 29 | +19 17.3 | 14.5 | 15 | Langsam veränderlich | 122 |
| S 3971 Gem | 6 18 0 | +20 19.4 | 15 | 16 | Langsam veränderlich | |
| S 3972 Gem | 6 18 10 | +18 46.9 | 15 | [17.5 | Algol | |
| S 3973 Gem | 6 18 28 | +18 44.6 | 15.5 | [17.5 | Algol | |
| S 3974 Gem | 6 20 24 | +20 54 | 13.5 | 14 | Algol | |
| S 3975 Gem | 6 21 41 | +22 10.3 | 14.5 | 15 | Langsam veränderlich | 123 |
| S 3976 Gem | 6 22 54 | +20 22 | 15.5 | 16 | Algol | 124 |
| S 3977 Gem | 6 25 23 | +18 47.6 | 14.5 | 15 | Algol | |
| S 3978 Gem | 6 25 31 | +23 30.1 | 12.5 | 14 | Langsam veränderlich | 125 |
| 46.1934 Gem | 6 26 2 | +16 10.6 | 11.5 | 12 | Langsam veränderlich | 126 |
| S 3979 Gem | 6 28 50 | +18 19.7 | 13 | 13.5 | Langsam veränderlich | 127 |
| S 3980 Gem | 6 29 39 | +22 4.5 | 15 | 16 | Kurzperiodisch | 128 |
| S 3981 Gem | 6 30 46 | +21 8.1 | 14 | 14.5 | Langsam veränderlich | 129 |
| S 3982 Gem | 6 31 18 | +17 19.0 | 15 | 15.5 | Algol | |

| Bezeichnung | 1855.0 α | δ | Helligkeit Max. | Min. | Art des Lichtwechsels | Bemerkungen |
|---|---|---|---|---|---|---|
| **Feld ν Geminorum (Fortsetzung)** | | | | | | |
| S 3983 Gem | $6^h 35^m 57^s$ | +24° 26'.8 | $14^m$ | $15^m$ | Kurzperiodisch | 130 |
| S 3984 Gem | 6 36 54 | +20 35 | 14 | 15 | Langsam veränderlich | 131 |
| S 3985 Gem | 6 37 7 | +17 22.3 | 13 | 13.5 | Algol | |
| S 3986 Gem | 6 40 24 | +18 0.6 | 13 | 13.5 | Langsam veränderlich | 132 |
| S 3987 Gem | 6 41 44 | +18 56.4 | 15 | 16.5 | Langperiodisch | |
| **Feld $6^h 39^m$ +4°** | | | | | | |
| S 3988 Mon | 6 15 31 | + 7 43.8 | 13.5 | 14.5 | RR Lyrae | 133 |
| S 3989 Mon | 6 18 9 | + 8 8.3 | 14 | [16.5 | Mira | |
| S 3990 Mon | 6 21 32 | + 4 49.7 | 12 | 12.5 | Kurzperiodisch | 134 |
| S 3991 Mon | 6 31 46 | + 3 38.7 | 15 | 16 | Kurzperiodisch | 135 |
| S 3992 Mon | 6 35 48 | + 1 17.9 | 14.5 | 16 | Kurzperiodisch | 136 |
| S 3993 Mon | 6 36 36 | + 4 38.3 | 14 | 15 | Kurzperiodisch? | 137 |
| S 3994 Mon | 6 39 40 | + 1 40.5 | 10.5 | 11 | Langsam veränderlich | 138 |
| S 3995 Mon | 6 40 22 | + 2 57.1 | 14.5 | 15 | Algol? | |
| S 3996 Mon | 6 46 38 | + 0 57.9 | 11 | 12 | Langsam veränderlich | 139 |
| S 3997 Mon | 6 53 30 | + 6 48 | 13 | 16 | Langperiodisch | |
| S 3998 Mon | 6 55 37 | + 0 26.1 | 13.5 | 14 | Algol? | 140 |
| **Feld ε Geminorum** | | | | | | |
| 48.1934 Mon | 6 26 32 | + 9 30.5 | 13 | 14.5 | Algol | |
| S 3999 Gem | 6 27 42 | +14 18.3 | 11 | 12 | Unregelmäßig | 141 |
| S 4000 Gem | 6 29 49 | +17 31.3 | 15 | 15.5 | Algol | |
| Ross 196 Gem | 6 31 8 | +13 21.4 | 13 | [17 | Mira | |
| 10.1924 Mon | 6 32 43 | + 9 59.5 | 16 | [17 | Unregelmäßig? | 142 |
| 15.1924 Mon | 6 32 58 | + 9 44.3 | 16 | 17 | Unregelmäßig | 143 |
| S 4001 Mon | 6 33 0 | + 9 38.3 | 15 | 16 | Unregelmäßig | 144 |
| S 4002 Mon | 6 33 1 | + 9 39.9 | 15 | 16 | Unregelmäßig | 145 |
| S 4003 Mon | 6 33 12 | + 9 58.3 | 15 | 16.5 | Unregelmäßig | 146 |
| S 4004 Mon | 6 33 18 | +10 1.9 | 16 | [17 | Unregelmäßig | 147 |
| S 4005 Mon | 6 34 58 | +11 21.8 | 15.5 | 16.5 | Kurzperiodisch | |
| S 4006 Gem | 6 37 54 | +13 13.7 | 15 | 17.5 | Unregelmäßig | 148 |
| S 4007 Mon | 6 40 26 | + 8 34.9 | 14.5 | 15 | Kurzperiodisch | |
| S 4008 Gem | 6 42 18 | +18 2.7 | 14 | 14.5 | Kurzperiodisch? | |
| S 4009 Gem | 6 42 36 | +14 38 | 12 | 12.5 | Kurzperiodisch? | 149 |
| S 4010 Mon | 6 44 48 | + 8 35 | 14 | [17 | Mira | |
| S 4011 Mon | 6 47 0 | + 8 29 | 14.5 | [17 | Mira | |
| S 4012 Mon | 6 47 6 | +10 22 | 12.5 | 14 | Algol | |
| S 4013 Gem | 6 47 54 | +18 9 | 13 | 14 | Bedeckungsveränderlicher? | |
| 474.1934 Mon | 6 48 40 | + 8 31.2 | 15 | 15.5 | Langsam veränderlich | |
| S 4014 Mon | 6 49 0 | +11 53 | 14 | 16 | Algol | |
| S 4015 Gem | 6 49 18 | +17 56 | 14.5 | 15 | Langsam veränderlich? | |
| S 4016 Gem | 6 49 30 | +12 42 | 14.5 | 16 | Kurzperiodisch | 150 |
| S 4017 Gem | 6 49 42 | +17 26 | 12.5 | 13.5 | Unregelmäßig | 151 |
| S 4018 Gem | 6 51 36 | +14 27 | 15 | 16 | Algol? | |
| S 4019 Gem | 6 53 30 | +14 37 | 15 | 16 | Langsam veränderlich? | |
| S 4020 Mon | 6 54 42 | +11 42 | 15 | 15.5 | Bedeckungsveränderlicher | |
| **Feld ι Canis Maioris** | | | | | | |
| S 4021 CMa | 6 28 42 | −15 18 | 13.5 | 14.5 | Langsam veränderlich? | |
| S 4022 CMa | 6 29 6 | −12 58 | 13.5 | 14 | Langsam veränderlich? | |
| S 4023 CMa | 6 29 48 | −16 49 | 13.5 | 16 | Langperiodisch | |
| S 4024 CMa | 6 36 42 | −15 48 | 12.5 | 13 | Langsam veränderlich | |
| S 4025 CMa | 6 40 36 | −12 31 | 13 | [16.5 | Mira | |
| S 4026 CMa | 6 46 6 | −14 12 | 13.5 | [16 | Mira | |
| S 4027 CMa | 6 53 12 | −15 58 | 14 | 16 | Langperiodisch | |
| S 4028 CMa | 6 54 0 | −18 26 | 14 | 14.5 | Kurzperiodisch? | 152 |
| S 4029 CMa | 6 57 0 | −15 21 | 15 | 16 | Kurzperiodisch | |
| S 4030 CMa | 6 59 42 | −13 51 | 14 | 14.5 | Kurzperiodisch? | |
| S 4031 CMa | 7 2 54 | −16 8 | 14 | 14.5 | Kurzperiodisch | |
| S 4032 CMa | 7 8 48 | −16 2 | 11 | 11.5 | Kurzperiodisch | 153 |
| **Feld $6^h 59^m$ −6°** | | | | | | |
| S 4033 Mon | 6 34 15 | − 4 27.9 | 12 | 12.5 | Langsam veränderlich? | 154 |
| S 4034 Mon | 6 35 18 | − 9 33 | 14 | [16.5 | Mira | |
| 84.1933 Mon | 6 35 20 | − 1 34.3 | 13 | 14 | Langsam veränderlich | 155 |
| S 4035 Mon | 6 39 50 | − 7 7.5 | 14 | 14.5 | Algol | 156 |
| S 4036 Mon | 6 39 56 | − 3 49.6 | 15.5 | 16.5 | Langsam veränderlich | |

| Bezeichnung | 1855.0 α | 1855.0 δ | Helligkeit Max. | Helligkeit Min. | Art des Lichtwechsels | Bemerkungen |
|---|---|---|---|---|---|---|
| | | **Feld $6^h 59^m$ −6° (Fortsetzung)** | | | | |
| S 4037 Mon | $6^h 40^m 14^s$ | $-8° 17'.7$ | $15^m$ | $16^m$ | Langsam veränderlich | |
| S 4038 Mon | 6 41 34 | − 3 27.1 | 14.5 | 15 | Kurzperiodisch | 157 |
| S 4039 Mon | 6 42 51 | − 9 26.1 | 14 | [17 | Mira | |
| S 4040 Mon | 6 43 12 | − 1 19 | 15.5 | 16.5 | Langperiodisch | 158 |
| S 4041 Mon | 6 44 11 | − 2 35.9 | 15 | 16.5 | Algol? | 159 |
| S 4042 Mon | 6 44 50 | − 1 27.6 | 13 | 13.5 | Algol | 160 |
| 149.1907 Mon | 6 46 1 | − 4 24.2 | 9.5 | 10 | Langsam veränderlich? | 161 |
| S 4043 Mon | 6 46 12 | − 7 10.4 | 13 | 13.5 | Kurzperiodisch | 162 |
| S 4044 Mon | 6 49 32 | − 7 35.5 | 13.5 | 14 | Langsam veränderlich | |
| S 4045 Mon | 6 49 58 | − 7 57.8 | 15 | 16 | Langsam veränderlich | |
| S 4046 Mon | 6 55 32 | − 1 32.0 | 14.5 | 15.5 | RR Lyrae | 163 |
| S 4047 Mon | 6 56 23 | − 2 58.8 | 11.5 | 12 | Langsam veränderlich | |
| S 4048 Mon | 6 57 19 | − 1 43.0 | 14.5 | 15.5 | RR Lyrae | |
| S 4049 Mon | 6 57 33 | − 8 44.5 | 14 | [17 | Mira | |
| S 4050 Mon | 6 59 27 | − 0 27.8 | 12.5 | 13 | Algol | |
| S 4051 Mon | 7 2 5 | − 5 37.3 | 15 | 16 | Langsam veränderlich | |
| S 4052 Mon | 7 5 18 | − 3 29.5 | 15 | 16 | RR Lyrae | 164 |
| S 4053 Mon | 7 5 23 | − 4 12.8 | 10.5 | 11 | Algol | 165 |
| S 4054 Mon | 7 5 52 | − 8 44.4 | 13.5 | 14 | Kurzperiodisch | 166 |
| S 4055 Mon | 7 7 37 | − 9 5.8 | 13.5 | 14 | Kurzperiodisch | 167 |
| S 4056 Mon | 7 8 15 | − 1 40.8 | 15 | 15.5 | Bedeckungsveränderlicher | 168 |
| S 4057 Mon | 7 10 22 | − 5 25.9 | 16.5 | [17 | Algol | 169 |
| S 4058 Mon | 7 12 8 | − 5 46.2 | 15 | 16 | Algol | 170 |
| Ross 161 Mon | 7 12 19 | − 1 44.5 | 12.5 | 14.5 | Algol | |
| S 4059 Mon | 7 12 56 | − 3 57.0 | 14 | 15.5 | Langperiodisch | |
| S 4060 Mon | 7 13 36 | − 6 14 | 13 | 15 | Algol | 171 |
| | | **Feld Puppis −15°** | | | | |
| S 4061 CMa | 7 11 36 | −18 20 | 12 | 13.5 | Langsam veränderlich | 172 |
| S 4062 CMa | 7 11 48 | −17 0 | 13 | 14 | Langsam veränderlich? | |
| Ross 145 Mon | 7 16 33 | − 9 46.7 | 12.5 | [17 | Mira | |
| S 4063 Mon | 7 18 18 | − 9 1 | 14 | 15 | Kurzperiodisch | 173 |
| S 4064 CMa | 7 18 30 | −16 5 | 15 | 17 | Algol | 174 |
| S 4065 CMa | 7 20 6 | −19 20 | 14 | 14.5 | Kurzperiodisch? | |
| S 4066 Mon | 7 21 18 | − 9 40 | 14.5 | 16 | Kurzperiodisch | |
| S 4067 Pup | 7 22 12 | −16 19 | 12 | 12.5 | Algol | |
| S 4068 Mon | 7 23 12 | − 9 5 | 13 | 14 | Langsam veränderlich | |
| S 4069 Pup | 7 23 42 | −19 12 | 14.5 | [16 | Kurzperiodisch | 175 |
| S 4070 Pup | 7 24 0 | −19 25 | 15 | [16 | Kurzperiodisch | 176 |
| S 4071 Pup | 7 24 6 | −12 43 | 12 | 13 | Kurzperiodisch | 177 |
| S 4072 Pup | 7 24 18 | −16 43 | 13.5 | 14 | Algol? | 178 |
| S 4073 Mon | 7 26 30 | −10 11 | 14.5 | 15.5 | Kurzperiodisch | 179 |
| S 4074 Mon | 7 30 0 | −10 30 | 14 | 16.5 | Algol | |
| S 4075 Mon | 7 31 30 | − 9 45 | 11 | 12 | Algol | |
| S 4076 Pup | 7 31 44 | −15 43.8 | 11 | 12 | Langsam veränderlich | 180 |
| S 4077 Pup | 7 34 24 | −14 39 | 13.5 | 14.5 | Algol | 181 |
| S 4078 Pup | 7 35 42 | −14 13 | 14.5 | 16 | Algol | 182 |
| S 4079 Pup | 7 38 0 | −12 44 | 11 | 12 | Kurzperiodisch | |
| S 4080 Mon | 7 39 30 | − 9 20 | 14.5 | [16 | Mira | |
| 187.1932 Pup | 7 39 32 | −18 48.7 | 10.5 | 11.5 | Langsam veränderlich | |
| S 4081 Pup | 7 43 27 | −13 11.8 | 13 | 13.5 | Langsam veränderlich | 183 |
| S 4082 Mon | 7 45 48 | −10 20 | 13 | 14.5 | Kurzperiodisch | |
| S 4083 Pup | 7 46 0 | −17 1 | 13 | 14 | Kurzperiodisch | 184 |
| S 4084 Pup | 7 46 48 | −12 36 | 15 | 16 | Algol? | |
| 21.1934 Pup | 7 47 37 | −18 57.5 | 13 | 14 | Langperiodisch | |
| S 4085 Mon | 7 48 6 | −10 15 | 14 | [15.5 | Langperiodisch? | 185 |
| | | **Feld ϱ Puppis** | | | | |
| S 4086 Pup | 7 38 51 | −22 19.6 | 13 | 14 | Algol | |
| S 4087 Pup | 7 44 51 | −20 24.2 | 14.5 | 15 | Algol? | |
| S 4088 Pup | 7 48 28 | −19 39.4 | 14.5 | 15 | Kurzperiodisch? | |
| S 4089 Pup | 7 49 8 | −21 55.2 | 14 | 14.5 | Algol | |
| S 4090 Pup | 7 50 15 | −19 6.2 | 11 | 12 | Algol | 186 |
| S 4091 Pup | 8 1 50 | −19 51.8 | 14 | [16.5 | Algol | |
| S 4092 Pup | 8 1 55 | −19 6.2 | 13 | [16 | Algol | |
| S 4093 Pup | 8 13 28 | −19 59.9 | 14 | 15.5 | Unregelmäßig? | 187 |
| S 4094 Pup | 8 14 56 | −22 16.9 | 14 | 14.5 | Algol | |
| S 4095 Pup | 8 14 57 | −21 56.6 | 15 | 16 | Kurzperiodisch? | |
| S 4096 Pup | 8 14 58 | −21 51.2 | 13.5 | [16.5 | Algol | |
| S 4097 Pup | 8 15 43 | −21 58.3 | 14 | 15 | Langsam veränderlich | |

| Bezeichnung | 1855.0 α | δ | Helligkeit Max. | Min. | Art des Lichtwechsels | Bemerkungen |
|---|---|---|---|---|---|---|
| | | Feld ϱ Puppis (Fortsetzung) — (Folgende 26 Sterne Äquinoktium 1875.0) | | | | |
| S 4098 Pup | $7^h 39^m 12^s$ | $-23° 59'.6$ | $14^m.5$ | $15^m$ | Algol | |
| S 4099 Pup | 7 43 37 | −25 56.1 | 14.5 | 15 | Langsam veränderlich? | 188 |
| S 4100 Pup | 7 46 49 | −26 4.1 | 13.5 | 14 | Algol | 189 |
| S 4101 Pup | 7 46 56 | −26 25.7 | 11 | 12 | Kurzperiodisch | 190 |
| S 4102 Pup | 7 47 1 | −23 1.4 | 15 | 15.5 | Algol | |
| S 4103 Pup | 7 48 52 | −28 2.6 | 14.5 | 15.5 | Langsam veränderlich? | |
| S 4104 Pup | 7 50 2 | −24 49.7 | 13.5 | 14.5 | Algol | |
| S 4105 Pup | 7 50 36 | −28 19.4 | 10 | 12 | Langsam veränderlich | 191 |
| S 4106 Pup | 7 52 48 | −29 2.7 | 12.5 | 13.5 | Langsam veränderlich | 192 |
| S 4107 Pup | 7 53 56 | −28 57.9 | 10.5 | 11.5 | Kurzperiodisch | 193 |
| S 4108 Pup | 7 53 57 | −23 37.7 | 15 | [16.5 | Mira | |
| S 4109 Pup | 7 54 20 | −23 23.8 | 12.5 | 13.5 | Algol | |
| S 4110 Pup | 7 59 51 | −28 30.6 | 13.5 | 14 | Kurzperiodisch | 194 |
| S 4111 Pup | 8 1 30 | −27 18.6 | 15 | [16.5 | Algol | |
| S 4112 Pup | 8 2 22 | −26 8.7 | 14 | 15 | Langsam veränderlich? | 195 |
| S 4113 Pup | 8 2 40 | −24 14.2 | 15 | 16 | Algol | |
| S 4114 Pup | 8 6 31 | −28 14.2 | 13 | 14 | Langsam veränderlich | 196 |
| S 4115 Pup | 8 9 34 | −23 43.7 | 13.5 | 15 | Kurzperiodisch? | |
| S 4116 Pup | 8 9 59 | −23 46.3 | 13.5 | 14 | Algol? | 197 |
| S 4117 Pup | 8 12 47 | −23 25.3 | 14 | 16.5 | Algol | |
| S 4118 Pup | 8 14 49 | −25 53.3 | 13.5 | 14 | Langsam veränderlich | 198 |
| S 4119 Pup | 8 16 20 | −25 12.6 | 15 | [16 | Langsam veränderlich? | |
| S 4120 Pup | 8 20 17 | −24 28.4 | 15.5 | [16.5 | Algol | |
| 849.1936 Pup | 8 20 18 | −23 13.1 | 14.5 | [16.5 | Mira | 199 |
| S 4121 Pyx | 8 23 38 | −28 33.1 | 14 | 15 | Algol | |
| S 4122 Pyx | 8 24 53 | −24 53.2 | 13 | 13.5 | Langsam veränderlich | |
| | | Feld 73 Herculis | | | | |
| S 4123 Her | 16 56 42 | +26 5 | 12.5 | 13.5 | Langperiodisch | |
| S 4124 Her | 16 58 0 | +23 3 | 16 | 17 | Kurzperiodisch | |
| S 4125 Her | 16 58 12 | +26 32 | 13 | 13.5 | Kurzperiodisch | 200 |
| S 4126 Her | 17 0 18 | +20 20 | 13 | 14 | Langsam veränderlich | |
| S 4127 Her | 17 3 24 | +27 56 | 13.5 | 15 | Langperiodisch | |
| S 4128 Her | 17 3 54 | +18 9 | 13.5 | 14 | Kurzperiodisch | 201 |
| S 4129 Her | 17 5 30 | +23 44 | 13 | 13.5 | Kurzperiodisch | 202 |
| S 4130 Her | 17 6 30 | +20 38 | 11.5 | 12.5 | Kurzperiodisch | |
| S 4131 Her | 17 8 12 | +24 10 | 15 | 15.5 | Langsam veränderlich | |
| S 4132 Her | 17 12 30 | +27 38 | 14.5 | 15.5 | Kurzperiodisch | 203 |
| S 4133 Her | 17 15 6 | +23 47 | 16 | 17 | Langperiodisch | |
| S 4134 Her | 17 15 48 | +24 54 | 10.5 | 11 | Langsam veränderlich | 204 |
| S 4135 Her | 17 16 12 | +21 6 | 15.5 | 16.5 | Kurzperiodisch | 205 |
| S 4136 Her | 17 17 54 | +18 50 | 14 | 15 | Kurzperiodisch | 206 |
| S 4137 Her | 17 18 48 | +18 28 | 14 | 15 | Kurzperiodisch | |
| S 4138 Her | 17 19 24 | +21 52 | 15 | 15.5 | Langsam veränderlich | |
| S 4139 Her | 17 20 48 | +26 0 | 16 | 17 | Kurzperiodisch | 207 |
| S 4140 Her | 17 22 48 | +20 43 | 14 | 14.5 | Kurzperiodisch | |
| S 4141 Her | 17 26 54 | +25 32 | 11 | 11.5 | Kurzperiodisch | 208 |
| S 4142 Her | 17 29 0 | +22 54 | 15.5 | 17 | Kurzperiodisch | |
| S 4143 Her | 17 29 12 | +26 40 | 14 | 15 | Kurzperiodisch | |
| S 4144 Her | 17 31 30 | +19 53 | 15 | 16 | Kurzperiodisch | 209 |
| S 4145 Her | 17 31 48 | +25 27 | 13 | 14 | Langsam veränderlich | 210 |
| S 4146 Her | 17 32 6 | +18 21 | 13 | 14 | Kurzperiodisch | |
| S 4147 Her | 17 33 24 | +20 0 | 14 | 14.5 | Kurzperiodisch | 211 |
| S 4148 Her | 17 34 18 | +21 47 | 15.5 | 16.5 | Kurzperiodisch? | |
| S 4149 Her | 17 34 54 | +23 54 | 15.5 | 16.5 | Kurzperiodisch | 212 |
| S 4150 Her | 17 35 18 | +19 29 | 15.5 | 16.5 | Kurzperiodisch? | 213 |
| S 4151 Her | 17 35 36 | +19 5 | 15 | [16.5 | Mira | |
| S 4152 Her | 17 36 42 | +20 11 | 14 | 15 | Langperiodisch | |
| S 4153 Her | 17 37 42 | +23 1 | 13.5 | 14.5 | Kurzperiodisch | |
| 356.1933 Her | 17 39 8 | +19 26.7 | 13.5 | [16 | Mira | |
| | | Feld ξ Herculis | | | | |
| S 4154 Her | 17 30 12 | +30 42.6 | 10 | 10.5 | Algol | 214 |
| S 4155 Her | 17 30 24 | +32 25 | 12.5 | 13 | Bedeckungsveränderlicher | 215 |
| S 4156 Her | 17 32 0 | +32 47 | 12 | 12.5 | Kurzperiodisch | 216 |
| S 4157 Her | 17 35 42 | +29 40 | 15 | 16 | RR Lyrae | 217 |
| S 4158 Her | 17 36 48 | +26 9 | 15 | 16 | Kurzperiodisch | 218 |
| S 4159 Her | 17 47 12 | +29 24 | 15 | [16.5 | Mira | |
| S 4160 Her | 17 48 6 | +31 42 | 14 | 14.5 | Kurzperiodisch | 219 |

| Bezeichnung | 1855.0 α | δ | Helligkeit Max. | Min. | Art des Lichtwechsels | Bemerkungen |
|---|---|---|---|---|---|---|
| | | | **Feld ξ Herculis (Fortsetzung)** | | | |
| S 4161 Her | $17^h 51^m 42^s$ | +32° 33′ | $15^m$ | $16^m$ | Kurzperiodisch | 220 |
| S 4162 Her | 17 52 6 | +31 54 | 15.5 | 16.5 | RR Lyrae | |
| S 4163 Her | 17 56 54 | +28 32 | 15 | 16 | Kurzperiodisch? | 221 |
| S 4164 Her | 18 1 30 | +32 42 | 13 | 13.5 | Langsam veränderlich | 222 |
| S 4165 Her | 18 4 48 | +24 59 | 13 | 13.5 | Langsam veränderlich | 223 |
| S 4166 Her | 18 5 0 | +28 15 | 15 | 15.5 | RR Lyrae | 224 |
| S 4167 Her | 18 6 12 | +28 2 | 14.5 | 15.5 | Kurzperiodisch | 225 |
| S 4168 Lyr | 18 14 24 | +31 54 | 12.5 | 14 | RR Lyrae | 226 |
| | | | **Feld 67 Ophiuchi** | | | |
| S 4169 Oph | 17 33 42 | − 0 6 | 13.5 | 15 | RR Lyrae | |
| S 4170 Oph | 17 33 48 | + 0 33 | 12.5 | [16.5 | Mira | |
| S 4171 Oph | 17 34 0 | + 1 19 | 13 | 14 | Langperiodisch? | |
| S 4172 Oph | 17 34 6 | − 0 33 | 13 | 14 | Algol | |
| S 4173 Oph | 17 34 16 | + 4 17.2 | 15 | 16 | RR Lyrae | 227 |
| S 4174 Oph | 17 34 18 | − 1 10 | 13.5 | 14.5 | Langsam veränderlich | |
| S 4175 Oph | 17 34 25 | + 5 51.7 | 14 | 14.5 | Kurzperiodisch | 228 |
| S 4176 Oph | 17 34 44 | + 5 20.9 | 12.5 | 13 | Algol? | |
| S 4177 Oph | 17 35 16 | + 3 8.1 | 13.5 | 14.5 | RR Lyrae | 229 |
| S 4178 Oph | 17 35 29 | + 5 2.2 | 11.5 | 12.5 | RR Lyrae | 230 |
| S 4179 Oph | 17 36 30 | − 0 41 | 16 | 17 | Kurzperiodisch | 231 |
| S 4180 Oph | 17 37 12 | − 1 30 | 14 | 15 | Langsam veränderlich? | |
| S 4181 Oph | 17 38 57 | + 5 58.6 | 15 | 16 | Kurzperiodisch | 232 |
| S 4182 Oph | 17 39 24 | + 6 4.7 | 13 | 14 | Langsam veränderlich | |
| S 4183 Oph | 17 41 45 | + 4 48.4 | 15 | 16 | RR Lyrae | 233 |
| S 4184 Oph | 17 44 6 | − 0 18 | 15.5 | 16.5 | Langsam veränderlich | |
| S 4185 Oph | 17 45 34 | + 1 16.2 | 15.5 | 16.5 | Langsam veränderlich | |
| S 4186 Oph | 17 45 30 | + 2 51.1 | 14.5 | 15.5 | RR Lyrae | |
| S 4187 Oph | 17 45 38 | + 7 35.2 | 15.5 | [16.5 | Mira | |
| S 4188 Oph | 17 46 6 | + 7 43.4 | 15 | 16 | Kurzperiodisch | 234 |
| S 4189 Oph | 17 46 31 | + 7 43.4 | 16 | [16.5 | Algol | |
| S 4190 Oph | 17 47 23 | + 2 44.6 | 15.5 | 16.5 | Kurzperiodisch | 235 |
| S 4191 Oph | 17 48 22 | + 8 15.5 | 15 | [16.5 | Mira | |
| S 4192 Oph | 17 48 30 | − 1 43 | 15 | 16 | RR Lyrae | |
| S 4193 Ser | 17 50 48 | − 1 21 | 15.5 | 16.5 | RR Lyrae? | 236 |
| S 4194 Oph | 17 51 18 | + 1 27.4 | 15 | 16 | Langsam veränderlich | |
| S 4195 Oph | 17 51 53 | + 7 20.2 | 15 | 16 | RR Lyrae | |
| S 4196 Oph | 17 53 13 | + 4 13.3 | 14.5 | 15 | RR Lyrae | |
| S 4197 Oph | 17 53 45 | + 1 39.4 | 15 | 16 | RR Lyrae | 237 |
| S 4198 Ser | 17 54 24 | − 1 26 | 13 | 13.5 | Langsam veränderlich | 238 |
| S 4199 Oph | 17 54 59 | + 5 52.9 | 14 | 14.5 | Kurzperiodisch | 239 |
| S 4200 Oph | 17 55 12 | + 2 30.9 | 15 | 17 | Langperiodisch | 240 |
| S 4201 Oph | 17 55 47 | + 1 24.2 | 15 | 16 | Kurzperiodisch | 241 |
| S 4202 Oph | 17 57 18 | + 7 30 | 14.5 | 15.5 | Langsam veränderlich | 242 |
| S 4203 Oph | 17 57 49 | + 4 4.9 | 15 | 16 | Langsam veränderlich | |
| S 4204 Oph | 18 1 8 | + 5 39.3 | 15 | 16.5 | Langperiodisch | 243 |
| S 4205 Oph | 18 1 13 | + 6 27.2 | 14.5 | 15 | Langsam veränderlich | |
| S 4206 Oph | 18 2 1 | + 1 22.0 | 14 | 14.5 | Kurzperiodisch? | 244 |
| S 4207 Oph | 18 2 49 | + 6 24.7 | 14.5 | 16 | Langperiodisch? | |
| S 4208 Oph | 18 3 32 | + 2 55.6 | 15.5 | [16.5 | Mira | |
| S 4209 Oph | 18 3 33 | + 6 35.6 | 14.5 | 15.5 | Langsam veränderlich | |
| S 4210 Oph | 18 3 37 | + 4 33.2 | 15.5 | [16.5 | Mira | |
| S 4211 Oph | 18 3 48 | + 3 9.1 | 13 | 13.5 | Kurzperiodisch | 245 |
| S 4212 Oph | 18 3 55 | + 4 6.7 | 15 | [17 | Mira | |
| S 4213 Oph | 18 4 30 | + 6 8 | 15 | 16 | Kurzperiodisch | 246 |
| S 4214 Oph | 18 5 36 | + 4 17 | 14.5 | 15.5 | RR Lyrae | 247 |
| S 4215 Oph | 18 6 12 | + 1 47 | 15 | 16 | RR Lyrae | 248 |
| S 4216 Oph | 18 7 18 | + 2 21 | 14.5 | 15 | Algol | |
| S 4217 Oph | 18 8 6 | + 6 45 | 13 | 14 | RR Lyrae | |
| S 4218 Oph | 18 8 12 | + 5 21 | 15 | [16.5 | Mira | |
| S 4219 Oph | 18 8 42 | + 3 48 | 16 | 17 | RR Lyrae | 249 |
| S 4220 Oph | 18 9 6 | + 4 11 | 15.5 | 16.5 | Langsam veränderlich? | 250 |
| S 4221 Oph | 18 9 18 | + 0 19 | 15 | 16.5 | RR Lyrae | 251 |
| S 4222 Oph | 18 9 24 | + 4 42 | 14 | 15 | Kurzperiodisch | 252 |
| S 4223 Oph | 18 9 36 | + 4 11 | 15.5 | 17 | Langperiodisch | 253 |
| S 4224 Oph | 18 11 18 | + 5 15 | 14 | [16.5 | Mira | |
| S 4225 Oph | 18 11 36 | + 4 57 | 14 | 16 | RW Aur | 254 |
| S 4226 Oph | 18 12 6 | + 3 19 | 14 | 14.5 | RR Lyrae | 255 |
| S 4227 Oph | 18 12 6 | + 4 53 | 12.5 | [16.5 | Mira | |
| S 4228 Oph | 18 13 6 | + 3 27 | 13.5 | 14 | Kurzperiodisch | 256 |

| Bezeichnung | 1855.0 α | δ | Helligkeit Max. | Min. | Art des Lichtwechsels | Bemerkungen |
|---|---|---|---|---|---|---|
| | | | Feld 67 Ophiuchi (Fortsetzung) | | | |
| | (Die folgenden 6 Sterne sind aus dem Beob.-Zirkular **24**.79 eingefügt. Siehe Einleitung) | | | | | |
| S 4229 Oph | $17^h 38^m 24^s$ | + 2° 31'.5 | $12^m.6$ | $13^m.4$ | δ Cephei | 257 |
| S 4230 Oph | 17 52 33 | + 5 0.7 | 14.1 | 15.6 | Halbregelmäßig | 258 |
| S 4231 Oph | 17 53 22 | + 5 37.4 | 12.0 | 12.7 | Halbregelmäßig | 259 |
| S 4232 Oph | 17 55 33 | + 1 38.9 | 15.5 | 17.0 | Mira | 260 |
| S 4233 Oph | 17 56 59 | + 2 6.2 | 15.4 | 16.6 | Algol | 261 |
| S 4234 Oph | 17 58 46 | + 2 5.6 | 13.1 | 16.1 | Algol | 262 |
| | | | Feld κ Lyrae | | | |
| S 4235 Her | 17 49 12 | +39 27 | 12 | 12.6 | Unregelmäßig | 263 |
| S 4236 Her | 17 50 50 | +31 8.9 | 10 | 10.5 | Langsam veränderlich | 264 |
| S 4237 Her | 17 52 24 | +31 26 | 12.5 | 13 | Langsam veränderlich | |
| S 4238 Her | 17 53 12 | +38 40 | 14 | 15.5 | Langsam veränderlich | 265 |
| S 4239 Her | 17 55 0 | +34 41 | 13 | 14 | Kurzperiodisch | |
| S 4240 Her | 17 57 24 | +40 10 | 14.3 | 15.5 | RR Lyrae | 266 |
| S 4241 Her | 17 58 6 | +40 4 | 16 | 17 | RR Lyrae | 267 |
| S 4242 Her | 17 58 30 | +38 40 | 12.5 | 13.5 | Kurzperiodisch | |
| S 4243 Her | 17 59 42 | +38 0 | 14.9 | 16.0 | Unregelmäßig | 268 |
| S 4244 Her | 17 59 48 | +35 22 | 15 | [17 | Mira | 269 |
| S 4245 Her | 18 2 36 | +36 21 | 15 | 15.5 | Kurzperiodisch | |
| S 4246 Her | 18 2 48 | +40 13 | 13 | 13.5 | RW Aur-ähnlich | 270 |
| S 4247 Her | 18 3 18 | +38 47 | 15 | [18 | U Gem | 271 |
| S 4248 Her | 18 4 24 | +31 57 | 16 | [17.5 | U Gem | 272 |
| S 4249 Her | 18 5 54 | +31 17 | 15 | 16 | RR Lyrae | |
| S 4250 Her | 18 6 48 | +31 13 | 14 | 15 | Langperiodisch | |
| S 4251 Her | 18 6 48 | +32 50 | 15.5 | 16.5 | RW Aur | |
| S 4252 Her | 18 7 42 | +33 30 | 14.4 | 15.4 | RR Lyrae | 273 |
| S 4253 Her | 18 7 48 | +38 45 | 14.5 | 15 | RR Lyrae | |
| S 4254 Her | 18 9 18 | +33 22 | 15.0 | 16.1 | RR Lyrae | 274 |
| S 4255 Lyr | 18 9 42 | +32 25 | 14.5 | [17 | Algol | 275 |
| S 4256 Lyr | 18 9 54 | +41 9 | 15 | 15.5 | Langsam veränderlich | |
| S 4257 Lyr | 18 11 0 | +31 3 | 14 | 15 | RR Lyrae | |
| S 4258 Lyr | 18 11 30 | +40 40 | 14 | 15 | Kurzperiodisch | 276 |
| S 4259 Lyr | 18 12 18 | +31 34 | 14 | 14.5 | β Lyrae | 277 |
| S 4260 Lyr | 18 12 54 | +36 10 | 15 | 16 | RW Aur | |
| S 4261 Lyr | 18 13 12 | +38 32 | 13 | 13.5 | Langsam veränderlich | 278 |
| S 4262 Lyr | 18 13 24 | +32 32 | 14.6 | 15.5 | RR Lyrae | 279 |
| S 4263 Lyr | 18 14 0 | +35 20 | 14.8 | 16.0 | RR Lyrae | 280 |
| S 4264 Lyr | 18 14 30 | +41 6 | 13.3 | 14.4 | RR Lyrae | 281 |
| S 4265 Lyr | 18 18 0 | +33 7 | 13 | 14 | β Lyrae | |
| S 4266 Lyr | 18 18 24 | +32 39 | 15 | 17 | Algol | |
| S 4267 Lyr | 18 19 0 | +39 14 | 15 | 16 | RW Aur | |
| S 4268 Lyr | 18 24 12 | +30 52 | 13.8 | 14.1 | W UMa | |
| S 4269 Lyr | 18 24 48 | +34 10 | 14.4 | 16.0 | Algol | |
| S 4270 Lyr | 18 24 48 | +39 39 | 14 | 15 | RR Lyrae | |
| S 4271 Lyr | 18 25 48 | +31 47 | 14 | 14.5 | S Vul | |
| S 4272 Lyr | 18 25 48 | +38 13 | 15.1 | 16.3 | δ Cephei | 282 |
| S 4273 Lyr | 18 25 48 | +40 12 | 13 | 14 | RR Lyrae | 283 |
| S 4274 Lyr | 18 26 48 | +33 10 | 15 | 15.5 | RW Aur-ähnlich | |
| S 4275 Lyr | 18 28 0 | +35 51 | 14.5 | 15 | RR Lyrae | |
| S 4276 Lyr | 18 28 6 | +35 22 | 14.5 | 15.5 | RR Lyrae | |
| S 4277 Lyr | 18 28 18 | +33 17 | 15 | 16 | RV Tau-ähnlich | |
| S 4278 Lyr | 18 28 36 | +40 4 | 10.6 | 11.2 | RR Lyrae | 284 |
| S 4279 Lyr | 18 31 18 | +36 5 | 15 | 16 | RR Lyrae | |
| S 4280 Lyr | 18 32 24 | +39 53 | 14.5 | 15 | Kurzperiodisch | |
| S 4281 Lyr | 18 33 42 | +39 22 | 13 | 14 | RR Lyrae | |
| S 4282 Lyr | 18 34 12 | +31 36 | 12.9 | 15.5 | RW Aur | |
| S 4283 Lyr | 18 34 12 | +40 18 | 14 | 14.5 | RR Lyrae | |
| S 4284 Lyr | 18 34 18 | +34 56 | 15.6 | 16.5 | RR Lyrae | |
| S 4285 Lyr | 18 34 30 | +34 24 | 14.4 | 16.2 | Halbregelmäßig | |
| S 4286 Lyr | 18 35 6 | +34 30 | 13.2 | 13.8 | Unregelmäßig | |
| S 4287 Lyr | 18 35 24 | +35 1 | 14.5 | 16 | Algol | |
| S 4288 Lyr | 18 35 36 | +35 25 | 13 | 14 | Unregelmäßig | |
| S 4289 Lyr | 18 35 44 | +40 54.8 | 12.5 | 13.5 | RR Lyrae | |
| S 4290 Lyr | 18 36 0 | +32 51 | 12.0 | 13.3 | Algol | 285 |
| S 4291 Lyr | 18 37 12 | +32 27 | 15.5 | 16.6 | RR Lyrae | 286 |
| S 4292 Lyr | 18 37 36 | +34 56 | 14.5 | 15.5 | β Lyrae | |
| S 4293 Lyr | 18 37 54 | +37 15 | 15.5 | 16 | RW Aur | |
| S 4294 Lyr | 18 38 42 | +37 34 | 15.5 | 16 | Kurzperiodisch | |
| S 4295 Lyr | 18 38 55 | +40 42.3 | 12.5 | [16 | Mira | |
| S 4296 Lyr | 18 42 6 | +39 57.3 | 15 | 16 | Kurzperiodisch | 287 |

| Bezeichnung | 1855.0 α | δ | Helligkeit Max. | Min. | Art des Lichtwechsels | Bemerkungen |
|---|---|---|---|---|---|---|
| | | Feld 18h 40m +8°.5 | | | | |
| S 4297 Oph | 18h 15m 36s | + 4° 2′ | 13m | 14m | Kurzperiodisch? | 288 |
| S 4298 Oph | 18 15 36 | + 6 33 | 14 | [16.5 | Mira | |
| S 4299 Oph | 18 15 54 | + 9 48 | 13 | [17 | Mira | |
| S 4300 Oph | 18 16 6 | + 8 29 | 12.5 | [16.5 | Mira | |
| S 4301 Oph | 18 16 30 | +11 35 | 13 | 14 | Langsam veränderlich | 289 |
| S 4302 Oph | 18 17 18 | + 9 53 | 15 | [17 | Mira | |
| S 4303 Oph | 18 17 30 | + 9 53 | 15 | [17 | Mira | |
| S 4304 Oph | 18 17 42 | +10 47 | 15 | 16.5 | RR Lyrae | 290 |
| S 4305 Oph | 18 18 15 | +10 28.5 | 14 | 15 | Langperiodisch | 291 |
| S 4306 Oph | 18 19 36 | +10 16.1 | 15.5 | [17 | Mira | 292 |
| S 4307 Oph | 18 19 36 | + 9 2.1 | 13.5 | [17 | Mira | |
| S 4308 Oph | 18 20 2 | + 7 22.6 | 15.5 | 16 | Langsam veränderlich? | 293 |
| S 4309 Oph | 18 20 40 | +10 3.9 | 15 | 16 | RR Lyrae | 294 |
| S 4310 Oph | 18 20 40 | +13 5.3 | 14 | 14.5 | Algol? | 295 |
| S 4311 Oph | 18 20 51 | + 7 12.8 | 15.5 | [17 | Mira | |
| S 4312 Oph | 18 21 24 | + 8 24.6 | 15.5 | 16 | Bedeckungsveränderlicher | |
| S 4313 Ser | 18 21 37 | + 5 8.8 | 14.5 | 16 | Kurzperiodisch | 296 |
| S 4314 Oph | 18 22 56 | + 8 50.8 | 15.5 | 17 | Algol | |
| S 4315 Oph | 18 23 50 | + 9 31.8 | 14.5 | 15.5 | Kurzperiodisch | 297 |
| S 4316 Oph | 18 24 31 | + 7 25.6 | 15 | [17 | Mira | |
| S 4317 Oph | 18 24 50 | + 8 27.7 | 16 | 17 | Kurzperiodisch | 298 |
| S 4318 Oph | 18 25 13 | + 8 26.7 | 16 | 17 | Kurzperiodisch | 299 |
| S 4319 Oph | 18 25 17 | + 8 16.1 | 15.5 | 16 | Langsam veränderlich | |
| S 4320 Her | 18 25 30 | +12 10.7 | 12.5 | 13 | Bedeckungsveränderlicher | 300 |
| S 4321 Oph | 18 25 48 | + 7 51.9 | 15 | 16 | Kurzperiodisch | 301 |
| S 4322 Oph | 18 25 59 | +11 36.9 | 14 | [17 | Mira | |
| S 4323 Oph | 18 26 25 | + 6 27.7 | 16 | 17 | Langsam veränderlich | |
| S 4324 Oph | 18 26 30 | + 7 51.4 | 15.5 | 16 | Langsam veränderlich | 302 |
| S 4325 Her | 18 26 42 | +13 16.1 | 13.5 | 14.5 | Kurzperiodisch | 303 |
| S 4326 Oph | 18 27 50 | + 6 57.6 | 11 | 12 | Kurzperiodisch? | 304 |
| S 4327 Ser | 18 28 8 | + 6 8.7 | 15.5 | 17 | Mittlere Periode | |
| S 4328 Oph | 18 28 21 | + 6 21.0 | 13 | 13.5 | Langsam veränderlich | |
| S 4329 Oph | 18 29 2 | +11 50.1 | 15 | [17 | Mira | |
| S 4330 Oph | 18 29 8 | + 6 46.1 | 15.5 | 17 | Langsam veränderlich | 305 |
| S 4331 Oph | 18 29 31 | + 6 36.5 | 16 | [17.5 | Mira | |
| S 4332 Oph | 18 30 14 | + 8 54.7 | 15.5 | [17.5 | Mira | |
| S 4333 Oph | 18 31 3 | + 7 31.5 | 15.5 | 17 | Kurzperiodisch | 306 |
| S 4334 Oph | 18 31 15 | + 6 45.0 | 16 | 17 | Langsam veränderlich? | 307 |
| S 4335 Oph | 18 31 27 | + 6 58.1 | 15.5 | [17 | Mira | |
| S 4336 Oph | 18 32 33 | + 7 40.2 | 16 | [17.5 | Mira | 308 |
| S 4337 Oph | 18 33 43 | + 8 45.9 | 15 | 15.5 | Algol | |
| S 4338 Oph | 18 33 45 | +11 56.1 | 15.5 | 17 | Langperiodisch | |
| S 4339 Oph | 18 33 58 | + 8 9.9 | 15.5 | 16 | Bedeckungsveränderlicher? | 309 |
| S 4340 Oph | 18 34 12 | + 7 48.1 | 15 | [17 | Mira | 310 |
| S 4341 Oph | 18 35 1 | +11 54.0 | 15.5 | 16 | Algol | 311 |
| 489.1934 Ser | 18 35 14 | + 4 28.2 | 13.5 | [17 | Mira | |
| S 4342 Her | 18 35 18 | +12 59 | 15.5 | 17 | Langperiodisch | 312 |
| S 4343 Her | 18 35 30 | +13 9 | 15 | [17 | Mira | 313 |
| S 4344 Oph | 18 36 1 | +10 0.8 | 15.5 | [17 | Mira | |
| S 4345 Oph | 18 36 3 | +11 35.3 | 13.5 | 15 | RR Lyrae | 314 |
| S 4346 Oph | 18 37 25 | +10 31.9 | 16 | 17 | Bedeckungsveränderlicher | 315 |
| S 4347 Ser | 18 37 31 | + 4 54.9 | 14 | 15 | Langsam veränderlich | |
| S 4348 Oph | 18 37 34 | +10 28.6 | 14 | 14.5 | Algol | 316 |
| S 4349 Oph | 18 37 34 | +11 34.8 | 15 | 16 | Kurzperiodisch | 317 |
| S 4350 Her | 18 37 49 | +12 46.4 | 14 | 14.5 | Bedeckungsveränderlicher | 318 |
| S 4351 Her | 18 37 57 | +12 5.0 | 15 | [17.5 | Mira | 319 |
| S 4352 Her | 18 38 12 | +13 33 | 14 | 15 | Kurzperiodisch | 320 |
| S 4353 Oph | 18 38 20 | +10 28.6 | 15.5 | [17 | Mira | |
| S 4354 Oph | 18 38 48 | + 9 29.6 | 16.5 | [17.5 | Mira | |
| S 4355 Aql | 18 39 27 | +10 22.0 | 15.5 | 16.5 | Kurzperiodisch | 321 |
| S 4356 Her | 18 39 28 | +12 28.7 | 14.5 | [17 | Mira | |
| S 4357 Aql | 18 39 54 | +11 47.8 | 16 | 17 | Langsam veränderlich? | |
| S 4358 Ser | 18 40 13 | + 5 18.2 | 12.5 | 13.5 | Langsam veränderlich | 322 |
| S 4359 Aql | 18 40 21 | +11 30.8 | 14.5 | 16.5 | Algol | |
| S 4360 Her | 18 40 24 | +12 57 | 15 | 16 | Algol? | 323 |
| S 4361 Aql | 18 40 27 | +10 27.1 | 15.5 | 16 | Langsam veränderlich | 324 |
| S 4362 Aql | 18 42 19 | + 9 34.7 | 16 | [17 | Mira | 325 |
| S 4363 Aql | 18 42 30 | +11 18.0 | 15.5 | [17 | Algol | |
| S 4364 Aql | 18 43 3 | + 6 56.6 | 13 | 13.5 | Langsam veränderlich | 326 |
| S 4365 Aql | 18 43 8 | +11 17.8 | 15.5 | [17 | Mira | |

| Bezeichnung | 1855.0 α | δ | Helligkeit Max. | Min. | Art des Lichtwechsels | Bemerkungen |
|---|---|---|---|---|---|---|
| | | | Feld $18^h 40^m$ +8°.5 (Fortsetzung) | | | |
| S 4366 Aql | $18^h 43^m 9^s$ | +10° 47′.9 | $13^m.5$ | $14^m$ | RR Lyrae | 327 |
| S 4367 Aql | 18 43 12 | +11 15.6 | 15.5 | 16.5 | Mittlere Periode? | |
| S 4368 Her | 18 44 54 | +11 59.1 | 15.5 | [17 | Mira | 328 |
| S 4369 Aql | 18 45 16 | +11 7.2 | 12 | 12.5 | Algol | |
| S 4370 Aql | 18 45 28 | + 7 48.5 | 13.5 | 14.5 | Algol | |
| S 4371 Aql | 18 46 8 | + 9 36.2 | 16 | [17.5 | Mira | |
| S 4372 Her | 18 46 28 | +13 8.1 | 15.5 | [17 | Mira | |
| S 4373 Aql | 18 48 58 | + 9 18.1 | 14 | 14.5 | Langsam veränderlich | 329 |
| S 4374 Aql | 18 49 4 | +11 2.4 | 15 | 16 | Kurzperiodisch | 330 |
| S 4375 Aql | 18 49 12 | +11 49.0 | 15 | 16 | Kurzperiodisch | 331 |
| S 4376 Aql | 18 49 42 | +10 37.3 | 14 | 16 | U Gem | 332 |
| S 4377 Aql | 18 50 33 | +10 31.1 | 14.5 | 15.5 | Kurzperiodisch | 333 |
| S 4378 Aql | 18 52 33 | +10 10.6 | 13.5 | 14 | Kurzperiodisch | 334 |
| S 4379 Aql | 18 53 40 | +13 32.8 | 13 | 14 | Algol | 335 |
| S 4380 Aql | 18 54 51 | +11 25.9 | 14 | 14.5 | Algol | |
| | | | Feld δ Aquilae | | | |
| S 4381 Aql | 18 58 36 | + 7 49 | 14 | [16.5 | Mira | |
| S 4382 Aql | 18 59 0 | + 3 6 | 13 | 13.5 | Kurzperiodisch | 336 |
| S 4383 Aql | 19 2 24 | + 1 0 | 15 | [17 | Mira | |
| S 4384 Aql | 19 5 12 | − 0 40 | 14 | [16.5 | Mira | |
| S 4385 Aql | 19 5 54 | − 2 12 | 13 | 15 | Langperiodisch | |
| S 4386 Aql | 19 6 30 | + 0 40 | 15 | 15.5 | Algol | |
| S 4387 Aql | 19 8 34 | + 0 33.6 | 15.5 | [16.5 | Langperiodisch? | |
| S 4388 Aql | 19 11 43 | + 4 2.0 | 14 | [16.5 | Mira | 337 |
| S 4389 Aql | 19 11 54 | + 7 45 | 15.5 | 16.5 | Algol | |
| S 4390 Aql | 19 12 4 | + 2 26.5 | 15.5 | [17 | Algol? | |
| S 4391 Aql | 19 12 6 | − 1 45 | 13 | 14 | Algol | |
| S 4392 Aql | 19 12 31 | + 1 46.4 | 16 | [17 | Mira | |
| S 4393 Aql | 19 12 51 | + 2 40.0 | 15.5 | [17 | Mira | |
| S 4394 Aql | 19 13 24 | − 1 20 | 14.5 | [17 | Mira | 338 |
| S 4395 Aql | 19 16 0 | + 7 55 | 15 | [17 | Mira | |
| S 4396 Aql | 19 16 12 | + 0 21.4 | 16 | [17 | Mira | |
| S 4397 Aql | 19 16 12 | + 3 2.9 | 15.5 | [17 | Mira | |
| S 4398 Aql | 19 16 40 | + 1 4.8 | 16 | [17 | Langperiodisch? | |
| S 4399 Aql | 19 16 57 | + 2 51.9 | 15.5 | 16.5 | Kurzperiodisch? | 339 |
| S 4400 Aql | 19 17 49 | + 5 38.1 | 14 | 15 | RR Lyrae | |
| S 4401 Aql | 19 18 18 | − 0 34.3 | 15 | 16 | Langsam veränderlich | 340 |
| S 4402 Aql | 19 19 6 | + 7 25 | 14.5 | [16 | Mira | 341 |
| S 4403 Aql | 19 20 47 | + 1 27.2 | 15 | 16.5 | Langsam veränderlich | |
| S 4404 Aql | 19 21 8 | + 1 49.5 | 15.5 | 16.5 | Langsam veränderlich | |
| S 4405 Aql | 19 21 28 | + 3 36.5 | 15 | 16 | Langsam veränderlich | |
| Ross 314 Aql | 19 21 27 | − 2 9.0 | 12.5 | 16 | Langperiodisch | |
| S 4406 Aql | 19 21 36 | + 6 27 | 16 | [17 | Mira? | 342 |
| S 4407 Aql | 19 22 14 | + 3 13.0 | 15.5 | 16 | Kurzperiodisch | 343 |
| S 4408 Aql | 19 22 48 | − 1 55 | 13.5 | 15 | Kurzperiodisch? | 344 |
| S 4409 Aql | 19 23 6 | + 4 49.9 | 15 | [17 | Mira | |
| S 4410 Aql | 19 23 7 | + 0 55.2 | 16 | 17 | Kurzperiodisch | 345 |
| 116.1935 Aql | 19 23 51 | + 5 5.7 | 11.5 | 12.5 | Langsam veränderlich | 346 |
| S 4411 Aql | 19 24 12 | + 1 55.0 | 14 | 15.5 | Kurzperiodisch | 347 |
| S 4412 Aql | 19 24 26 | + 4 50′.4 | 16 | [17 | Mira | |
| S 4413 Aql | 19 26 21 | + 3 54.6 | 15 | 17 | Langperiodisch? | 348 |
| S 4414 Aql | 19 26 45 | + 3 51.6 | 15.5 | 16 | Langsam veränderlich | |
| S 4415 Aql | 19 27 15 | + 5 20.4 | 15 | [17 | Mira | |
| S 4416 Aql | 19 28 5 | + 3 20.3 | 15 | [17 | Mira | |
| S 4417 Aql | 19 28 10 | + 3 52.1 | 15 | 16 | Algol | |
| S 4418 Aql | 19 28 19 | − 0 31.1 | 14 | 16.5 | Langperiodisch? | |
| S 4419 Aql | 19 28 42 | + 7 37 | 16 | [17 | Mira? | 349 |
| S 4420 Aql | 19 30 14 | + 5 16.4 | 12 | 12.5 | Kurzperiodisch | 350 |
| S 4421 Aql | 19 30 24 | + 1 30.3 | 11 | 11.5 | Algol? | |
| S 4422 Aql | 19 31 12 | + 3 43 | 15 | [17 | Mira | |
| S 4423 Aql | 19 31 18 | + 6 5 | 15 | [16.5 | Mira | |
| S 4424 Aql | 19 31 24 | + 5 41 | 15 | 17 | Kurzperiodisch | 351 |
| Ross 318 Aql | 19 32 39 | − 0 40.5 | 13 | 14 | Langsam veränderlich | |
| S 4425 Aql | 19 35 32 | + 0 19.7 | 14 | 15 | Kurzperiodisch | 352 |
| | | | Feld 33 Cygni | | | |
| S 4426 Cyg | 19 36 13 | +55 11.2 | 15 | 16 | Kurzperiodisch | |
| S 4427 Cyg | 19 39 4 | +51 32.4 | 13 | 14 | Langsam veränderlich? | |
| S 4428 Cyg | 19 45 36 | +52 25.3 | 10.5 | 11 | Langsam veränderlich | 353 |

### Feld 33 Cygni (Fortsetzung)

| Bezeichnung | 1855.0 α | δ | Helligkeit Max. | Min. | Art des Lichtwechsels | Bemerkungen |
|---|---|---|---|---|---|---|
| S 4429 Cyg | $20^h\ 7^m\ 0^s$ | $+53°\ 37'.6$ | $13^m.5$ | $14^m$ | Langsam veränderlich | |
| 720.1933 Cyg | 20 7 8 | +51 11.2 | 13.5 | 14 | Langsam veränderlich? | |
| S 4430 Cyg | 20 9 54 | +57 18 | 13.5 | 14 | Unregelmäßig | 354 |
| S 4431 Cyg | 20 11 48 | +51 24 | 15 | [17 | Mira | |
| S 4432 Cyg | 20 13 24 | +55 29 | 15 | 16 | Algol | |
| S 4433 Cyg | 20 14 54 | +53 4 | 15 | 16 | Langsam veränderlich | |
| S 4434 Cyg | 20 16 12 | +59 16 | 15 | [17 | Mira | |
| S 4435 Cyg | 20 16 24 | +53 27 | 14 | 14.5 | Langsam veränderlich | |
| S 4436 Cyg | 20 27 32 | +56 40.7 | 15.5 | 16.5 | Langsam veränderlich? | 355 |
| S 4437 Cyg | 20 28 43 | +59 2.5 | 15.5 | 16.5 | Algol | |
| S 4438 Cep | 20 38 42 | +58 24.1 | 15 | 16 | Kurzperiodisch? | |
| 987.1935 Cep | 20 44 54 | +58 37.7 | 13.5 | 16 | Algol | |
| 988.1935 Cep | 20 45 37 | +58 21.7 | 13 | 15 | RW Aur? | |
| S 4439 Cep | 20 57 30 | +61 10 | 14 | 15 | Kurzperiodisch | |

### Feld 62 Aquilae

| Bezeichnung | α | δ | Max. | Min. | Art des Lichtwechsels | Bemerkungen |
|---|---|---|---|---|---|---|
| S 4440 Aql | 19 36 47 | + 1 37.1 | 14.5 | 16 | Langperiodisch? | |
| S 4441 Aql | 19 36 47 | − 0 1.8 | 15 | 16 | Kurzperiodisch | 356 |
| S 4442 Aql | 19 37 2 | + 1 42.6 | 14.5 | 16 | Kurzperiodisch | 357 |
| S 4443 Aql | 19 40 35 | + 4 13.4 | 14 | 15.5 | Langperiodisch? | |
| S 4444 Aql | 19 41 58 | − 2 38.1 | 12.5 | [16.5 | Mira? | |
| S 4445 Aql | 19 43 11 | − 3 58.4 | 15 | 16.5 | RR Lyrae | 358 |
| S 4446 Aql | 19 44 12 | + 3 58.0 | 14 | 15.5 | RR Lyrae | 359 |
| S 4447 Aql | 19 45 23 | + 3 57.0 | 15.5 | 16 | Kurzperiodisch | 360 |
| S 4448 Aql | 19 45 48 | + 4 2.7 | 15 | 16 | Langsam veränderlich? | |
| S 4449 Aql | 19 47 36 | + 4 6.9 | 13 | 13.5 | Kurzperiodisch | 361 |
| S 4450 Aql | 19 47 41 | − 2 28.8 | 15.5 | 16.5 | Kurzperiodisch | 362 |
| S 4451 Aql | 19 48 43 | + 4 12.8 | 14 | [16.5 | Mira | |
| S 4452 Aql | 19 49 37 | + 1 8.8 | 15 | 15.5 | RR Lyrae | 363 |
| S 4453 Aql | 19 50 7 | − 2 51.6 | 15 | 16.5 | Algol | |
| S 4454 Aql | 19 50 32 | + 1 5.8 | 15 | 15.5 | RR Lyrae? | 364 |
| S 4455 Aql | 19 51 32 | − 2 18.6 | 13 | 13.5 | Langsam veränderlich | |
| S 4456 Aql | 19 53 5 | − 2 5.9 | 15 | 15.5 | Langsam veränderlich? | |
| S 4457 Aql | 19 54 16 | + 4 0.3 | 14 | 16.5 | Langperiodisch | |
| S 4458 Aql | 19 55 44 | − 5 33.4 | 14 | 15.5 | Kurzperiodisch | 365 |
| S 4459 Aql | 19 57 37 | − 3 4.4 | 13.5 | 17 | Mira? | |
| S 4460 Aql | 19 58 18 | + 4 2.4 | 12 | 13 | Langsam veränderlich | |
| S 4461 Aql | 20 0 40 | − 5 46.6 | 14.5 | 15.5 | Kurzperiodisch | 366 |
| S 4462 Aql | 20 2 37 | + 3 16.0 | 14 | [17 | Mira | |
| S 4463 Aql | 20 2 36 | − 6 9 | 13.5 | [16.5 | Mira | |
| S 4464 Aql | 20 2 43 | − 0 29.0 | 15 | 16 | Kurzperiodisch | 367 |
| S 4465 Aql | 20 2 53 | + 1 9.1 | 15 | 16 | RR Lyrae | |
| S 4466 Aql | 20 3 27 | + 1 57.0 | 15 | 16.5 | Langperiodisch? | |
| S 4467 Aql | 20 5 12 | − 5 2 | 13.5 | 14.5 | RR Lyrae | 368 |
| S 4468 Aql | 20 5 42 | + 4 6.2 | 14 | 15 | RR Lyrae | |
| S 4469 Aql | 20 7 18 | + 0 23.3 | 15 | 15.5 | RR Lyrae | 369 |
| S 4470 Aql | 20 11 9 | + 0 15.6 | 16 | 17 | Kurzperiodisch | 370 |
| S 4471 Aql | 20 14 12 | − 5 12 | 13.5 | 15 | Kurzperiodisch | 371 |
| S 4472 Aql | 20 15 41 | − 2 1.3 | 13.5 | 14.5 | Kurzperiodisch | 372 |
| S 4473 Aql | 20 16 6 | − 4 21 | 14 | 16 | Langperiodisch? | |
| S 4474 Aql | 20 16 30 | + 3 8.8 | 14 | 15 | RR Lyrae | |

### Feld $20^h 18^m$ +30°

| Bezeichnung | α | δ | Max. | Min. | Art des Lichtwechsels | Bemerkungen |
|---|---|---|---|---|---|---|
| S 4475 Vul | 19 52 30 | +27 39 | 11 | 11.5 | Kurzperiodisch | 373 |
| 655.1936 Vul | 19 52 42 | +27 16.9 | 12.5 | 13.5 | Kurzperiodisch | |
| S 4476 Cyg | 19 53 33 | +32 18.4 | 15.5 | 16.5 | Kurzperiodisch | |
| S 4477 Vul | 19 55 30 | +27 49 | 14.5 | 15 | Kurzperiodisch | |
| S 4478 Cyg | 19 57 51 | +30 3.5 | 15.5 | 16.5 | Langsam veränderlich | 374 |
| S 4479 Cyg | 19 59 33 | +34 18.3 | 15 | 17 | Algol | |
| S 4480 Cyg | 20 0 17 | +29 53.5 | 15 | [17.5 | Mira | |
| S 4481 Cyg | 20 0 50 | +34 0.9 | 15 | [17 | Mira | |
| S 4482 Cyg | 20 2 19 | +30 19.7 | 13 | 13.5 | Bedeckungsveränderlicher | 375 |
| S 4483 Cyg | 20 9 6 | +35 13 | 15 | 15.5 | Langsam veränderlich | |
| S 4484 Vul | 20 12 47 | +26 48.8 | 14.5 | 15 | Langsam veränderlich | |
| 726.1933 Vul | 20 19 2 | +26 20.3 | 15 | [17 | Mira | |
| S 4485 Cyg | 20 19 59 | +30 57.4 | 15 | 17.5 | Langperiodisch | |
| S 4486 Vul | 20 20 50 | +25 43.6 | 15 | 16 | Kurzperiodisch | |
| S 4487 Cyg | 20 21 54 | +35 5 | 14 | [16 | Mira | 376 |
| S 4488 Vul | 20 22 23 | +25 24.8 | 15 | [17 | Langperiodisch | |

| Bezeichnung | 1855.0 α | δ | Helligkeit Max. | Min. | Art des Lichtwechsels | Bemerkungen |
|---|---|---|---|---|---|---|
| | | **Feld $20^h 18^m$ +30° (Fortsetzung)** | | | | |
| S 4489 Vul | $20^h 24^m 42^s$ | +27° 43′ | $15^m5$ | [$17^m5$ | Mira | |
| S 4490 Cyg | 20 27 6 | +29 18 | 15.5 | [17.5 | Mira | |
| S 4491 Vul | 20 29 21 | +27 14.5 | 14.5 | 15 | Langsam veränderlich | |
| S 4492 Vul | 20 29 30 | +24 59.2 | 14.5 | 15.5 | Langperiodisch | |
| 732.1933 Vul | 20 33 21 | +25 0.0 | 14 | 16 | Langperiodisch | |
| S 4493 Vul | 20 34 24 | +26 33.9 | 16 | 17.5 | Algol | |
| S 4494 Vul | 20 36 14 | +26 57.9 | 13.5 | 14.5 | Langsam veränderlich | 377 |
| S 4495 Cyg | 20 38 41 | +29 30.9 | 15 | [17 | Mira | 378 |
| S 4496 Cyg | 20 38 37 | +31 58.2 | 15.5 | [17 | Mira | |
| | | **Feld β Delphini** | | | | |
| S 4497 Del | 20 9 48 | +15 16 | 16 | 16.5 | Kurzperiodisch | 379 |
| S 4498 Del | 20 10 18 | +15 27 | 13 | 13.5 | Kurzperiodisch | 380 |
| S 4499 Del | 20 10 36 | +13 17 | 14 | 15.5 | Langperiodisch | |
| S 4500 Del | 20 11 12 | +12 56 | 14.5 | [17 | Mira | |
| S 4501 Sge | 20 11 18 | +18 17 | 14.5 | 15.5 | RR Lyrae | 381 |
| S 4502 Del | 20 13 1 | +11 10.5 | 15 | 15.5 | Algol | |
| S 4503 Del | 20 13 24 | +10 10.9 | 15.5 | 16.5 | Algol | |
| S 4504 Del | 20 14 55 | +13 40.0 | 14 | 14.5 | Langsam veränderlich | |
| S 4505 Del | 20 18 39 | +15 17.8 | 14.5 | 17 | U Gem | |
| S 4506 Del | 20 21 32 | +11 51.7 | 14.5 | 15.5 | RR Lyrae | 382 |
| S 4507 Del | 20 21 42 | +18 58 | 14.5 | 15.5 | Bedeckungsveränderlicher | 383 |
| S 4508 Del | 20 22 30 | +14 17.2 | 15 | 15.5 | RR Lyrae | 384 |
| S 4509 Del | 20 23 27 | +11 57.1 | 14.5 | 15 | Kurzperiodisch | 385 |
| S 4510 Del | 20 24 42 | +14 30.5 | 15.5 | 16.5 | RR Lyrae | 386 |
| S 4511 Del | 20 27 3 | +15 46.7 | 12.5 | 13.5 | Kurzperiodisch | 387 |
| S 4512 Del | 20 27 41 | +14 35.4 | 16 | [17 | Langperiodisch | 388 |
| S 4513 Del | 20 31 12 | +18 27 | 14 | 15.5 | RR Lyrae | 389 |
| S 4514 Del | 20 32 46 | +11 55.7 | 13 | 15 | Algol | |
| 388.1933 Del | 20 32 52 | +19 13.6 | 14 | 15 | Langsam veränderlich | |
| S 4515 Del | 20 33 4 | +11 55.9 | 16 | 17 | RR Lyrae | 390 |
| S 4516 Del | 20 33 49 | + 9 48.0 | 14 | 14.5 | RR Lyrae | 391 |
| S 4517 Del | 20 36 13 | +10 21.9 | 15 | 15.5 | Kurzperiodisch | 392 |
| S 4518 Del | 20 37 18 | +18 44 | 11 | 16.5 | Mira | |
| S 4519 Del | 20 38 15 | +18 22.3 | 14.5 | 15.5 | RR Lyrae | 393 |
| S 4520 Del | 20 48 17 | +11 4.4 | 15.5 | 16 | Kurzperiodisch | 394 |
| S 4521 Del | 20 49 30 | +16 6 | 14.5 | 15.5 | RR Lyrae | 395 |
| S 4522 Del | 20 49 54 | +15 51 | 14.5 | 15.5 | RR Lyrae | 396 |
| SVS 400 Del | 20 50 27 | + 9 29.3 | 13.5 | 14.5 | RR Lyrae | |
| | | **Feld $20^h 58^m$ +44°** | | | | |
| S 4523 Cyg | 20 21 26 | +42 13.2 | 13.5 | 14.3 | Bedeckungsveränderlicher | 397 |
| S 4524 Cyg | 20 22 18 | +43 13.1 | 13.4 | [16.7 | U Gem | 398 |
| 729.1933 Cyg | 20 25 57 | +44 26.8 | 13.6 | [17.4 | Mira | 399 |
| S 4525 Cyg | 20 26 24 | +46 53 | 14.6 | 16.7 | RW Aur | 400 |
| S 4526 Cyg | 20 28 36 | +48 3 | 15.0 | 16.3 | Kurzperiodisch | 401 |
| S 4527 Cyg | 20 38 30 | +45 14 | 14.7 | 16.9 | Algol | 402 |
| S 4528 Cyg | 20 38 30 | +48 27 | 14.4 | 14.9 | Algol | 403 |
| S 4529 Cyg | 20 40 6 | +49 6 | 11.9 | 12.5 | Algol | 404 |
| S 4530 Cyg | 20 41 54 | +41 24 | 13.8 | 16.8 | RW Aur | 405 |
| S 4531 Cyg | 20 46 56 | +45 59.7 | 13.0 | 13.7 | Algol-ähnlich | 406 |
| S 4532 Cyg | 20 53 16 | +43 19.6 | 14.3 | 16.6 | RW Aur | 407 |
| S 4533 Cyg | 21 1 11 | +45 43.0 | 11.8 | 14.5 | Unregelmäßig | 408 |
| S 4534 Cyg | 21 1 12 | +45 43.0 | 11.6 | 12.9 | Unregelmäßig | 409 |
| S 4535 Cyg | 21 2 57 | +45 4.1 | 13.9 | 15.0 | Algol | 410 |
| S 4536 Cyg | 21 5 8 | +45 20.8 | 13.1 | 14.0 | Algol | 411 |
| S 4537 Cyg | 21 5 12 | +38 57 | 13.7 | 15.5 | RW Aur? | |
| S 4538 Cyg | 21 6 10 | +41 16.2 | 14.5 | [16.7 | Mira | 412 |
| S 4539 Cyg | 21 7 42 | +47 2.4 | 11.9 | 12.6 | Algol-ähnlich | 413 |
| | | **Feld ϱ Cygni** | | | | |
| S 4540 Cyg | 21 3 29 | +40 36.8 | 15 | [16.5 | Mira | |
| S 4541 Cyg | 21 4 14 | +41 42.6 | 14 | 14.5 | Unregelmäßig? | 414 |
| S 4542 Cyg | 21 5 30 | +43 35.3 | 12 | 12.5 | Langsam veränderlich? | 415 |
| S 4543 Cyg | 21 6 4 | +46 34.7 | 11 | 11.5 | Kurzperiodisch | 416 |
| S 4544 Cyg | 21 7 30 | +47 28 | 15 | 16 | Algol | 417 |
| S 4545 Cyg | 21 8 19 | +43 26.2 | 15.5 | [17.5 | Mira | |
| S 4546 Cyg | 21 12 9 | +45 34.2 | 12 | 12.5 | Unregelmäßig | 418 |
| S 4547 Cyg | 21 13 39 | +42 1.7 | 15 | [17.5 | Mira | |

| Bezeichnung | 1855.0 α | δ | Helligkeit Max. | Min. | Art des Lichtwechsels | Bemerkungen |
|---|---|---|---|---|---|---|
| | | | **Feld ϱ Cygni (Fortsetzung)** | | | |
| S 4548 Cyg | $21^h 15^m 16^s$ | +44° 37′.9 | $14^m.5$ | $15^m.5$ | Langperiodisch? | 419 |
| S 4549 Cyg | 21 20 36 | +47 6 | 14.5 | 15.5 | Algol | 420 |
| S 4550 Cyg | 21 22 18 | +42 56 | 15.5 | 16.5 | Langsam veränderlich | |
| S 4551 Cyg | 21 23 12 | +40 1 | 13.5 | 14 | Kurzperiodisch | 421 |
| 53.1939 Cyg | 21 23 47 | +41 17.7 | 12 | 13 | Kurzperiodisch | 422 |
| S 4552 Cyg | 21 25 23 | +49 31.2 | 14 | [16.5 | Mira | |
| S 4553 Cyg | 21 25 30 | +49 29.6 | 13.5 | 14.5 | Algol | |
| S 4554 Cyg | 21 28 45 | +46 35.9 | 13 | 13.5 | Algol | |
| S 4555 Cyg | 21 28 54 | +49 17.4 | 12 | 13 | Algol | |
| S 4556 Cyg | 21 29 12 | +40 1 | 14 | [17 | U Gem | 423 |
| S 4557 Cyg | 21 29 36 | +43 13 | 15.5 | 16 | Algol | |
| S 4558 Cyg | 21 30 6 | +39 47 | 13 | 16.5 | U Gem | 424 |
| S 4559 Cyg | 21 34 47 | +49 35.0 | 14.5 | 16 | Langsam veränderlich | 425 |
| S 4560 Cyg | 21 38 18 | +44 7 | 14.5 | 15 | Langsam veränderlich | |
| S 4561 Cyg | 21 42 18 | +40 18 | 14.5 | 15.5 | Langperiodisch | |
| S 4562 Cyg | 21 42 42 | +41 23 | 13 | [17 | Mira | |
| S 4563 Cyg | 21 44 0 | +40 16 | 14 | [17 | Mira | 426 |
| S 4564 Cyg | 21 44 18 | +44 24 | 15 | 16.5 | Langsam veränderlich | 427 |
| S 4565 Cyg | 21 44 24 | +42 5 | 14.5 | 16.5 | Langperiodisch | 428 |
| S 4566 Cyg | 21 45 30 | +43 57 | 14 | [17.5 | Mira | |
| S 4567 Cyg | 21 46 6 | +49 4.2 | 15.5 | 16.5 | Langperiodisch? | |
| S 4568 Cyg | 21 46 31 | +48 3.2 | 12.5 | 13 | Algol | 429 |
| S 4569 Lac | 21 52 36 | +41 5 | 13 | [16.5 | Mira | 430 |
| S 4570 Lac | 21 53 12 | +40 20 | 14 | 15 | Unregelmäßig | 431 |
| | | | **Feld 3 Lacertae** | | | |
| S 4571 Cep | 21 47 36 | +56 5 | 14 | 15.5 | Langperiodisch | |
| S 4572 Cyg | 21 49 54 | +52 44 | 15.5 | 17 | Algol | 432 |
| S 4573 Cyg | 21 50 42 | +49 36.3 | 15.5 | 16.5 | Algol | |
| SVS 683 Cep | 21 52 55 | +55 28.4 | 11 | 12.5 | Kurzperiodisch | |
| 39.1939 Cep | 21 55 1 | +56 41.4 | 13.5 | 14.5 | Langperiodisch? | |
| S 4574 Cyg | 21 55 41 | +46 54.4 | 13 | 14 | Kurzperiodisch? | 433 |
| S 4575 Cep | 21 59 12 | +53 44 | 14.5 | 15.5 | Algol | |
| S 4576 Lac | 21 59 15 | +52 12.2 | 15 | [17.5 | Mira | 434 |
| S 4577 Lac | 22 0 24 | +48 51 | 14.5 | 15 | Langsam veränderlich | 435 |
| S 4578 Lac | 22 0 48 | +50 27 | 14.5 | [17.5 | Mira | 436 |
| S 4579 Lac | 22 1 18 | +50 58 | 15 | 16.5 | Algol | 437 |
| S 4580 Lac | 22 1 48 | +47 1 | 14 | 15.5 | Algol | |
| S 4581 Lac | 22 3 6 | +48 12 | 15.5 | 17.5 | Langperiodisch? | |
| S 4582 Cep | 22 6 0 | +54 19 | 15.5 | 17 | Langperiodisch | |
| S 4583 Lac | 22 9 48 | +54 36 | 16 | [17.5 | Mira | |
| S 4584 Lac | 22 10 12 | +48 51 | 15.5 | 16.5 | Langsam veränderlich | |
| S 4585 Lac | 22 11 12 | +49 21 | 11 | 11.5 | Kurzperiodisch? | 438 |
| S 4586 Lac | 22 11 42 | +54 28 | 14 | 15 | Algol | 439 |
| S 4587 Lac | 22 13 24 | +48 37 | 15.5 | 16.5 | Algol | |
| S 4588 Lac | 22 15 48 | +46 47 | 13.5 | 14.5 | Kurzperiodisch? | 440 |
| S 4589 Lac | 22 20 48 | +49 0 | 16 | [17.5 | Langperiodisch | 441 |
| S 4590 Lac | 22 21 36 | +56 4 | 15.5 | [17 | Mira | |
| S 4591 Lac | 22 22 36 | +53 10 | 15.5 | 16.5 | Algol | |
| S 4592 Lac | 22 24 48 | +46 26 | 13 | 14 | Algol | |
| S 4593 Lac | 22 26 30 | +53 13 | 10 | 10.5 | Algol? | 442 |
| S 4594 Lac | 22 32 6 | +54 28 | 14 | 14.5 | Algol? | 443 |
| S 4595 Lac | 22 33 24 | +50 46 | 16 | [17.5 | Mira | |
| S 4596 Lac | 22 35 42 | +49 43 | 11 | 11.5 | Langsam veränderlich? | 444 |
| S 4597 Lac | 22 37 12 | +47 14 | 13.5 | 14 | Langsam veränderlich | |
| S 4598 Lac | 22 37 48 | +51 29 | 15.5 | [17.5 | Mira | |
| S 4599 Lac | 22 42 36 | +51 32 | 15 | [17 | Algol | |
| S 4600 Lac | 22 43 36 | +50 28 | 13.5 | 14 | Algol? | |
| | | | **Feld ι Cephei** | | | |
| S 4601 Cep | 22 32 6 | +63 12 | 14 | 14.5 | Langsam veränderlich | 445 |
| S 4602 Cep | 22 38 44 | +60 58.4 | 11 | 12 | Langsam veränderlich | 446 |
| S 4603 Cep | 22 45 24 | +60 58 | 14.5 | 15 | Langsam veränderlich? | |
| S 4604 Cep | 23 6 48 | +61 54 | 14 | 15 | Algol | |
| S 4605 Cas | 23 16 12 | +60 18 | 14.5 | 15 | Kurzperiodisch | 447 |
| | | | **Feld $23^h 9^m$ +52°.5** | | | |
| S 4606 Lac | 22 30 42 | +52 19 | 15.5 | [17 | Langperiodisch? | |
| S 4607 Lac | 22 35 54 | +53 40 | 14 | 15 | Kurzperiodisch | 448 |
| S 4608 Cep | 22 37 12 | +56 51 | 13 | [17 | Mira | 449 |

| Bezeichnung | 1855.0 α | δ | Helligkeit Max. | Min. | Art des Lichtwechsels | Bemerkungen |
|---|---|---|---|---|---|---|
| | | Feld $23^h 9^m$ $+52^\circ.5$ (Fortsetzung) | | | | |
| S 4609 Lac | $22^h 39^m 6^s$ | $+54^\circ 47'$ | $13^m.5$ | $14^m$ | Algol | 450 |
| S 4610 Lac | 22 39 24 | +55 50 | 12.5 | 14.5 | Unregelmäßig | 451 |
| 72.1926 Lac | 22 40 32 | +52 5.3 | 15.5 | [17.5 | Mira | 452 |
| S 4611 Lac | 22 40 54 | +51 35 | 15 | [17.5 | Mira | |
| S 4612 Lac | 22 41 12 | +49 20 | 15 | 15.5 | Langsam veränderlich | |
| S 4613 Lac | 22 41 18 | +53 12 | 14 | 16.5 | Algol | |
| S 4614 Lac | 22 42 18 | +48 25 | 14.5 | [17.5 | Mira | |
| S 4615 Lac | 22 42 54 | +53 26 | 15 | 16 | Algol | |
| S 4616 Lac | 22 44 36 | +47 53 | 12.5 | 13 | Algol | |
| S 4617 Lac | 22 44 36 | +54 25 | 15.5 | [17.5 | U Gem | 453 |
| S 4618 Lac | 22 45 24 | +49 59 | 12 | 12.5 | Langsam veränderlich | |
| S 4619 Lac | 22 45 54 | +50 12 | 13 | 14 | Langsam veränderlich | |
| S 4620 Lac | 22 46 48 | +47 11 | 14.5 | 15.5 | Algol | |
| S 4621 Lac | 22 48 0 | +47 40 | 14 | 15 | Algol | |
| S 4622 Lac | 22 49 12 | +51 28 | 15.5 | 16.5 | Kurzperiodisch | |
| S 4623 Cas | 22 55 0 | +57 8 | 13 | 13.5 | Kurzperiodisch | |
| S 4624 Cas | 22 56 30 | +57 9 | 13.5 | [16 | Mira | 454 |
| S 4625 Cas | 22 58 42 | +52 28 | 16 | [17.5 | Algol | 455 |
| S 4626 And | 22 59 0 | +51 22 | 15.5 | [17.5 | Mira | 456 |
| S 4627 Cas | 23 1 30 | +56 35 | 11.5 | 12 | Langsam veränderlich | |
| S 4628 Cas | 23 1 48 | +55 40 | 14.5 | [17 | U Gem | 457 |
| S 4629 And | 23 2 18 | +48 49 | 12 | 12.5 | Algol | 458 |
| S 4630 And | 23 2 24 | +51 54 | 16 | 17 | Kurzperiodisch | 459 |
| S 4631 Cas | 23 5 0 | +56 55 | 14 | 15 | Kurzperiodisch | 460 |
| S 4632 And | 23 6 18 | +51 5 | 15 | 17 | Algol | |
| S 4633 Cas | 23 6 18 | +56 4 | 15 | [17 | U Gem | 461 |
| S 4634 Cas | 23 11 24 | +52 56 | 14 | 15 | Langsam veränderlich | 462 |
| S 4635 And | 23 11 48 | +47 22 | 12 | 12.5 | Unregelmäßig? | 463 |
| S 4636 And | 23 17 54 | +48 47 | 15.5 | 16.5 | Kurzperiodisch | |
| S 4637 And | 23 20 12 | +49 19 | 15 | [17.5 | Mira | |
| S 4638 And | 23 20 30 | +47 28 | 13 | 14 | Kurzperiodisch | 464 |
| S 4639 And | 23 21 48 | +49 45 | 13.5 | 14 | Kurzperiodisch | |
| S 4640 Cas | 23 22 42 | +51 42 | 15 | 17 | Algol | |
| S 4641 And | 23 23 0 | +48 7 | 14 | 15 | Kurzperiodisch | 465 |
| S 4642 Cas | 23 23 30 | +50 1 | 14 | 15 | Langsam veränderlich | |
| S 4643 Cas | 23 23 39 | +57 11.3 | 11.5 | 12.5 | Langsam veränderlich | 466 |
| S 4644 Cas | 23 27 0 | +52 48 | 16 | 17 | Algol | |
| S 4645 Cas | 23 27 48 | +55 30 | 11 | 11.5 | Kurzperiodisch | 467 |
| S 4646 Cas | 23 27 54 | +55 6 | 10.5 | 11.5 | Algol? | 468 |
| S 4647 And | 23 30 42 | +47 34 | 11.5 | 14 | RW Aur | 469 |
| S 4648 Cas | 23 35 0 | +55 20 | 11 | 11.5 | Algol | |
| S 4649 Cas | 23 35 12 | +51 18 | 15 | 16.5 | Kurzperiodisch | |
| S 4650 Cas | 23 30 0 | +51 57 | 15 | 17 | Algol | 470 |
| | | Feld β Cassiopeiae | | | | |
| S 4651 Cas | 23 19 24 | +60 27 | 14 | 15 | Kurzperiodisch | 471 |
| 406.1934 Cas | 23 24 7 | +59 27.4 | 14.3 | 15.0 | Algol | 472 |
| S 4652 Cep | 23 25 30 | +63 13 | 12.5 | 13 | Algol | 473 |
| S 4653 Cas | 23 27 6 | +56 2 | 15 | 16 | Algol | |
| S 4654 Cas | 23 36 36 | +60 18 | 13 | 13.5 | Unregelmäßig? | 474 |
| S 4655 Cas | 23 42 48 | +59 9 | 13 | 14 | Kurzperiodisch | 475 |
| S 4656 Cas | 23 44 0 | +54 53 | 15 | 16 | Kurzperiodisch | 476 |
| S 4657 Cas | 23 45 48 | +61 50 | 14.5 | 15 | Langsam veränderlich | 477 |
| S 4658 Cas | 23 47 12 | +55 15 | 16 | 17 | Algol | |
| S 4659 Cas | 23 50 0 | +54 4 | 16 | [17.5 | Mira | |
| S 4660 Cas | 23 50 24 | +56 6 | 14.5 | 15 | Langsam veränderlich | |
| S 4661 Cas | 23 50 24 | +61 25 | 16 | 17 | Langperiodisch? | |
| S 4662 Cas | 23 51 36 | +53 11 | 15 | 15.5 | Kurzperiodisch | 478 |
| S 4663 Cas | 23 52 12 | +55 35 | 14.5 | 15 | Langsam veränderlich | 479 |
| S 4664 Cas | 23 52 18 | +58 58 | 14.5 | 15.5 | Langsam veränderlich | |
| S 4665 Cas | 23 53 36 | +59 39 | 14 | 15 | Bedeckungsveränderlicher | 480 |
| S 4666 Cas | 23 54 54 | +62 40 | 13 | 13.5 | Bedeckungsveränderlicher | 481 |
| S 4667 Cas | 23 56 42 | +60 55 | 15 | [17 | Algol | |
| S 4668 Cas | 0 2 0 | +57 24 | 12.5 | 13.5 | Langsam veränderlich | |
| S 4669 Cas | 0 4 0 | +57 17 | 15 | 15.5 | Bedeckungsveränderlicher | 482 |
| S 4670 Cas | 0 5 18 | +57 25 | 12 | 12.5 | Algol | |
| S 4671 Cas | 0 7 6 | +53 51 | 14 | 14.5 | W UMa-Stern | |
| S 4672 Cas | 0 8 7 | +59 37.3 | 11 | 11.5 | Algol? | 483 |
| S 4673 Cas | 0 8 48 | +62 0 | 15.5 | 16.5 | Algol | |
| S 4674 Cas | 0 9 18 | +54 17 | 14 | 15 | Algol | 484 |

| Bezeichnung | 1855.0 α | δ | Helligkeit Max. | Min. | Art des Lichtwechsels | Bemerkungen |
|---|---|---|---|---|---|---|
| | | **Feld β Cassiopeiae (Fortsetzung)** | | | | |
| S 4675 Cas | $0^h12^m18^s$ | +54° 13′ | $15^m$ | $16^m$ | Algol | |
| S 4676 Cas | 0 13 18 | +63 7 | 15 | 16 | Algol | |
| S 4677 Cas | 0 14 24 | +56 41 | 14.5 | 15.5 | Algol | 485 |
| S 4678 Cas | 0 16 0 | +60 32 | 13 | 13.5 | Kurzperiodisch? | 486 |
| S 4679 Cas | 0 16 0 | +62 10 | 15 | 16 | Kurzperiodisch | 487 |
| S 4680 Cas | 0 16 45 | +53 29.2 | 11.5 | 12 | Langsam veränderlich | 488 |
| S 4681 Cas | 0 17 48 | +55 16 | 14 | 14.5 | Langsam veränderlich | 489 |
| S 4682 Cas | 0 22 48 | +56 29 | 15 | 15.5 | Langsam veränderlich | |
| S 4683 Cas | 0 24 6 | +54 40 | 15 | 15.5 | Algol | |
| S 4684 Cas | 0 24 30 | +56 12 | 14 | 14.5 | Algol | |
| S 4685 Cas | 0 28 6 | +55 6 | 15 | 16 | Algol | 490 |
| S 4686 Cas | 0 29 6 | +57 58 | 13.5 | 14.5 | Langsam veränderlich | |
| S 4687 Cas | 0 29 42 | +59 34 | 15 | 16 | Algol | |
| S 4688 Cas | 0 30 24 | +57 47 | 14.5 | [17 | Algol | |
| S 4689 Cas | 0 30 42 | +58 42 | 15 | 16 | Langsam veränderlich | 491 |
| S 4690 Cas | 0 32 0 | +57 48 | 14.5 | 15.5 | Kurzperiodisch | 492 |
| S 4691 Cas | 0 35 18 | +59 26 | 14.5 | 15 | Algol | |
| S 4692 Cas | 0 38 0 | +62 45 | 12.5 | 13.5 | Kurzperiodisch | 493 |
| S 4693 Cas | 0 38 48 | +60 13 | 14 | 15 | Algol | |
| S 4694 Cas | 0 39 30 | +60 4 | 11.5 | 12 | Bedeckungsveränderlicher | 494 |
| (Die folgenden 7 Sterne sind aus dem Beobachtungs-Zirkular 24.80 eingefügt. Siehe Einleitung) | | | | | | |
| S 4695 Cas | 23 28 0 | +58 33 | 14.0 | 14.9 | δ Cephei | 495 |
| S 4696 Cas | 23 30 12 | +56 36 | 12.6 | 17.0 | Mira | 496 |
| S 4697 Cas | 23 38 36 | +57 18 | 14.0 | 15.1 | Algol | 497 |
| S 4698 Cas | 23 40 48 | +61 40 | 13.7 | 14.5 | Algol | 498 |
| S 4699 Cas | 23 58 18 | +54 12 | 12.5 | 13.7 | Halbregelmäßig | 499 |
| S 4700 Cas | 0 27 6 | +54 30 | 13.6 | 14.2 | Unregelmäßig | 500 |
| S 4701 Cas | 0 28 18 | +54 25 | 13.0 | 15.3 | Algol | 501 |
| (Zwei weitere Sterne von Feld 2 Lacertae; vgl. Beobachtungs-Zirkular 24.80) | | | | | | |
| S 4702 Lac | 22 18 24 | +45 25 | 14.9 | 15.7 | Algol | |
| S 4703 Lac | 22 33 24 | +46 29 | 14.6 | 15.2 | Bedeckungsveränderlicher | |

Dritter Teil

# Sterne von nördlichen Überwachungsplatten; Zone +40°

| Bezeichnung | 1855.0 α | δ | Helligkeit Max. | Min. | BD | Art des Lichtwechsels | Bemerkungen |
|---|---|---|---|---|---|---|---|
| S 4704 And | $0^h12^m54^s$ | +39° 25′.2 | $9^m5$ | $10^m$ | +39° 59 ($9^m2$) | Kurzperiodisch | 502 |
| S 4705 Cas | 0 29 28 | +45 58.2 | 12 | 13 | +45 156 (9.5) | Langsam veränderlich | 503 |
| S 4706 And | 0 29 43 | +44 47.9 | 9.5 | 10 | +44 128 (8.5) | Unregelmäßig | 504 |
| S 4707 Cas | 0 45 38 | +53 43.5 | 10 | 11 | +53 172 (9.5) | Algol | |
| S 4708 Cas | 0 48 48 | +47 55.0 | 11 | 12 | +47 255 (9.2) | Langperiodisch | |
| S 4709 And | 0 57 12 | +33 26 | 12 | 13 | | Kurzperiodisch | 505 |
| S 4710 And | 1 2 47 | +33 22.7 | 11 | 12 | +33 183 (9.5) | Langsam veränderlich | 506 |
| S 4711 And | 1 17 56 | +43 35.4 | 9 | 10 | +43 294 (8.6) | Algol | 507 |
| S 4712 And | 1 20 53 | +45 54.9 | 10.5 | 11 | +45 356 (9.3) | Langsam veränderlich | |
| S 4713 And | 1 46 18 | +43 3 | 11.5 | 12.5 | | Kurzperiodisch | 508 |
| S 4714 And | 2 3 48 | +44 57 | 11.5 | 12.5 | | Kurzperiodisch | |
| S 4715 And | 2 17 12 | +37 29 | 12 | 13.5 | | Langsam veränderlich | 509 |
| S 4716 And | 2 21 18 | +40 11 | 12.5 | 13.5 | | Kurzperiodisch | 510 |
| S 4717 And | 2 22 0 | +45 16 | 12 | [13 | | Langperiodisch | |
| S 4718 Tri | 2 30 30 | +34 41 | 11 | 12.5 | | Langperiodisch | |
| S 4719 Per | 2 31 48 | +48 18 | 11 | 11.5 | | Algol | |
| S 4720 Per | 2 50 24 | +42 1 | 12 | 13.5 | | Langperiodisch | |
| S 4721 Per | 3 13 0 | +40 47 | 11.5 | 12.5 | | Algol | |
| S 4722 Per | 3 13 42 | +33 41 | 10.5 | 11 | | Algol | |
| S 4723 Per | 3 31 42 | +32 3.4 | 10 | 11 | +32 656 (9.5) | Algol | |
| S 4724 Per | 3 49 15 | +47 43.9 | 8 | 8.5 | +47 920 (8.1) | Algol | 511 |
| S 4725 Per | 4 10 7 | +40 42.5 | 10.5 | 11.5 | +40 933 (9.2) | Langsam veränderlich | |
| S 4726 Aur | 5 26 12 | +37 55 | 11 | 13 | | Langperiodisch | |

| Bezeichnung | 1855.0 α | δ | Helligkeit Max. | Min. | BD | Art des Lichtwechsels | Bemerkungen |
|---|---|---|---|---|---|---|---|
| S 4727 Aur | $6^{h}\ 7^{m}\ 54^{s}$ | $+49^{\circ}\ 46'$ | $10^{m}5$ | $11^{m}5$ | | Algol? | |
| S 4728 Aur | 6 14 42 | +50 33 | 12 | [13.5 | | Mira | |
| S 4729 Aur | 6 15 54 | +47 18 | 12 | [13.5 | | Mira | |
| S 4730 Aur | 6 15 54 | +53 45 | 12 | 13 | | Langsam veränderlich | |
| S 4731 Aur | 6 15 55 | +36 30.6 | 11 | 12 | $+36^{\circ}$ 1425 ($9^{m}5$) | Langsam veränderlich | |
| S 4732 Aur | 6 21 48 | +31 0 | 11.5 | 12.5 | | Kurzperiodisch | 512 |
| S 4733 Gem | 6 21 54 | +27 32.5 | 9.5 | 10.5 | +27 1136 (9.3) | Langsam veränderlich | |
| S 4734 Lyn | 6 30 50 | +55 36.3 | 9.5 | 10 | +55 1109 (8.5) | Langsam veränderlich | 513 |
| S 4735 Aur | 6 33 42 | +38 13 | 12 | [13.5 | | Mira | |
| S 4736 Aur | 6 34 30 | +41 51 | 12 | 13 | | Kurzperiodisch | 514 |
| S 4737 Gem | 6 36 30 | +34 34 | 11 | 11.5 | | Algol | 515 |
| S 4738 Gem | 6 49 14 | +31 49.4 | 12 | [13 | | Mira | |
| S 4739 Lyn | 7 7 11 | +48 30.9 | 11 | 11.5 | +48 1503 (9.4) | Kurzperiodisch? | |
| S 4740 Lyn | 7 22 48 | +48 8 | 11 | 11.5 | | Kurzperiodisch | 516 |
| S 4741 Lyn | 7 35 12 | +43 27 | 12 | 13 | | Kurzperiodisch | |
| S 4742 Lyn | 7 36 46 | +47 41.5 | 8.5 | 9 | +47 1484 (7.3) | Mittlere Periode? | 517 |
| S 4743 Gem | 7 43 34 | +27 30.7 | 10 | 11 | +27 1494 (9.5) | Algol | |
| S 4744 Lyn | 7 54 11 | +36 45.1 | 8 | 9 | +36 1735 (7.0) | Langsam veränderlich | 518 |
| S 4745 Lyn | 7 54 58 | +52 5.1 | 10 | 11 | +52 1275 (9.4) | Langsam veränderlich | |
| S 4746 Lyn | 7 57 46 | +42 12.9 | 9 | 9.5 | +42 1811 (9.0) | Algol | 519 |
| S 4747 Lyn | 7 59 26 | +44 53.4 | 9 | 10 | +44 1718 (8.8) | Kurzperiodisch | 520 |
| S 4748 Lyn | 8 18 35 | +38 48.8 | 11 | 13 | +38 1912 (9.5) | Langperiodisch | |
| S 4749 Cnc | 8 25 38 | +31 48.0 | 10 | 10.5 | +31 1838 (9.5) | Algol | 521 |
| S 4750 Cnc | 8 37 47 | +33 23.0 | 10 | 10.5 | +33 1756 (9.4) | Algol | |
| S 4751 Cnc | 8 53 19 | +27 14.8 | 10 | 10.5 | +27 1706 (9.4) | Algol | 522 |
| S 4752 Lyn | 8 53 27 | +45 10.8 | 9 | 10 | +45 1668 (9.3) | Kurzperiodisch | |
| S 4753 Cnc | 9 1 2 | +31 1.8 | 9.5 | 10.5 | +31 1943 (9.4) | Algol | |
| S 4754 LMi | 9 19 38 | +36 47.2 | 9.5 | 10 | +36 1963 (8.6) | Langsam veränderlich | 523 |
| S 4755 Lyn | 9 27 1 | +41 55.6 | 9.5 | 10.5 | +41 1976 (9.5) | Algol | |
| S 4756 LMi | 9 31 24 | +36 47 | 10.5 | 12 | | Langsam veränderlich | |
| S 4757 UMa | 9 34 8 | +54 25.6 | 10 | 11 | +54 1327 (9.0) | Langsam veränderlich | 524 |
| S 4758 UMa | 9 37 48 | +46 28 | 10.5 | 11.5 | | Algol | |
| S 4759 LMi | 9 41 12 | +35 7 | 10.5 | 11.5 | | Kurzperiodisch | |
| S 4760 UMa | 9 46 11 | +44 40.5 | 11 | 12 | +44 1927 (9.5) | Langsam veränderlich | |
| S 4761 LMi | 10 15 16 | +30 34.6 | 9.5 | 10 | +30 2004 (8.5) | Mittlere Periode? | 525 |
| S 4762 UMa | 10 32 57 | +52 22.1 | 10 | 11 | +52 1504 (9.0) | Mittlere Periode? | 526 |
| S 4763 UMa | 12 3 55 | +48 36.9 | 10.5 | 11.5 | +48 2004 (9.5) | Kurzperiodisch | |
| S 4764 CVn | 12 52 42 | +44 40.5 | 11 | 12 | +44 2243 (9.5) | Langsam veränderlich | |
| S 4765 CVn | 13 2 4 | +32 29.2 | 12 | 13 | | Kurzperiodisch | 527 |
| S 4766 CVn | 13 8 41 | +43 1.0 | 10 | 11 | +43 2314 (9.3) | Langsam veränderlich | |
| S 4767 Boo | 14 39 18 | +37 13 | 12.5 | 13.5 | | Kurzperiodisch | 528 |
| S 4768 Boo | 15 18 35 | +37 22.4 | 9.5 | 10.5 | +37 2636 (9.4) | Kurzperiodisch | |
| S 4769 Boo | 15 30 30 | +43 59 | 12 | 13.5 | | Algol | 529 |
| S 4770 CrB | 16 9 52 | +33 41.5 | 10 | 10.5 | +33 2704 (8.8) | Langsam veränderlich? | 530 |
| S 4771 Her | 16 38 41 | +48 40.2 | 9 | 10 | +48 2429 (8.1) | Langsam veränderlich | 531 |
| S 4772 Her | 17 37 15 | +30 36.1 | 11 | 12 | +30 3044 (9.4) | Langsam veränderlich | |
| S 4773 Her | 17 44 40 | +45 45.2 | 9 | 10 | +45 2602 (8.1) | Langsam veränderlich | 532 |
| S 4774 Her | 17 48 51 | +43 48.4 | 10 | 11 | +43 2835 (9.4) | Algol | |
| S 4775 Her | 17 52 39 | +45 22.9 | 7.7 | 8.3 | +45 2627 (6.3) | Langsam veränderlich | 533 |
| S 4776 Her | 18 4 25 | +28 53.6 | 11 | 11.5 | +28 2934 (9.3) | Langsam veränderlich | |
| S 4777 Her | 18 5 6 | +33 22 | 10.5 | 12 | | Algol | |
| S 4778 Her | 18 18 12 | +25 1 | 10.5 | 11.5 | | Algol | |
| S 4779 Lyr | 18 24 6 | +30 31 | 11.5 | 12 | | Langsam veränderlich | 534 |
| S 4780 Cyg | 19 18 48 | +47 56 | 11.5 | 12 | | Bedeckungsstern | |
| S 4781 Cyg | 19 20 30 | +29 41.5 | 10 | 11.5 | +29 3593 (9.5) | Algol | |
| S 4782 Cyg | 19 29 44 | +46 59.8 | 11 | 11.5 | | Kurzperiodisch | 535 |
| S 4783 Cyg | 19 48 59 | +32 37.7 | 11.5 | 12 | | Algol | |
| S 4784 Cyg | 21 27 6 | +35 8 | 11.5 | [13 | | Algol | 536 |
| S 4785 Peg | 22 58 42 | +32 40 | 11 | 12 | | Algol | |
| S 4786 And | 23 6 10 | +41 42.7 | 11 | 11.5 | +41 4712 (8.8) | Langsam veränderlich | 537 |
| S 4787 And | 23 16 36 | +38 57 | 11 | [13 | | Mira | |
| S 4788 Peg | 23 17 24 | +33 41.1 | 12 | 13 | | Kurzperiodisch | 538 |
| S 4789 And | 23 35 52 | +34 40.7 | 12 | [13 | | Mira | |
| S 4790 And | 23 52 42 | +34 33 | 12 | 13 | | Mittlere Periode? | |
| SVS 762 Cas | 0 14 8 | +47 37.4 | 11.5 | [13 | | Mira | |
| 468.1934 Aur | 5 25 51 | +44 29.3 | 12.5 | 14 | | Kurzperiodisch? | |
| 470.1934 Aur | 5 33 40 | +51 7.6 | 11 | 12 | | Langsam veränderlich | |
| 44.1934 Aur | 5 34 21 | +37 30.9 | 12.5 | 14 | | Kurzperiodisch | |
| SVS 313 Lyn | 7 40 55 | +38 48.7 | 12 | 13 | | Kurzperiodisch | 539 |
| 430.1928 Cas | 23 55 20 | +47 54.5 | 11.5 | [13 | | Mira | |

Vierter Teil

# Sterne von südlichen Überwachungsplatten

| Bezeichnung | 1875.0 α | δ | Helligkeit Max. | Min. | CoD | CPD | Art des Lichtwechsels | Bemerkungen |
|---|---|---|---|---|---|---|---|---|
| S 4791 Phe | $0^h22^m37^s$ | $-44°42'.0$ | $12^m.5$ | $13^m.5$ | | | Kurzperiodisch | |
| S 4792 Tuc | 0 36 56 | −74 24.5 | 11.5 | 12.5 | | | Langs. veränd. | 540 |
| S 4793 Tuc | 0 44 45 | −63 18.8 | 11 | 12 | | | Kurzperiodisch | 541 |
| S 4794 Tuc | 0 50 5 | −67 23.1 | 11.5 | 12.5 | | | Kurzperiodisch | 542 |
| S 4795 Scl | 0 59 32 | −32 21.9 | 10.5 | 13 | $-32°$ 425 ( $9^m.5$) | $-32°$ 114 ($10^m.4$) | Langperiodisch? | |
| S 4796 Scl | 1 1 31 | −32 59.2 | 12 | 13.5 | | | Kurzperiodisch | |
| S 4797 Phe | 1 4 19 | −44 58.7 | 12.5 | 13.5 | | | Kurzperiodisch | |
| S 4798 Tuc | 1 14 26 | −68 34.4 | 10.5 | 11 | | | Kurzperiodisch | |
| S 4799 Phe | 1 25 5 | −43 21.0 | 9 | 9.5 | −43 461 ( 9.1) | −43 178 ( 9.0) | Algol | 543 |
| S 4800 Phe | 1 28 40 | −43 53.0 | 10 | 10.5 | −43 479 ( 9.2) | −43 183 (10.2) | Kurzperiodisch | 544 |
| S 4801 Phe | 1 40 13 | −42 33.4 | 10.5 | 11.5 | −42 616 ( 9.7) | | Kurzperiodisch | |
| S 4802 Hyi | 2 3 43 | −70 27.7 | 12 | [13 | | | Algol | |
| S 4803 For | 2 16 24 | −37 47.0 | 9.5 | 11 | −37 891 ( 9.1) | −37 221 ( 9.3) | Algol | |
| S 4804 Hor | 2 18 38 | −63 39.3 | 10.5 | 13 | | | Mira? | 545 |
| S 4805 Hor | 2 27 30 | −65 40.1 | 12 | 13 | | | Langs. veränd. | |
| S 4806 Eri | 2 30 59 | −45 36.9 | 9 | 10 | −45 823 ( 9.1) | −45 253 ( 9.0) | Algol | |
| S 4807 Hor | 2 34 42 | −54 39.7 | 11 | [13 | | | Mira | |
| S 4808 Eri | 2 47 13 | −48 18.5 | 11 | 12 | −48 776 (10 ) | | Kurzperiodisch | |
| S 4809 Hor | 2 47 57 | −64 46.7 | 12.5 | 13.5 | | | Kurzperiodisch | |
| S 4810 For | 2 49 7 | −28 54.1 | 12 | 13 | | | Kurzperiodisch | 546 |
| S 4811 For | 2 56 18 | −38 36.9 | 11 | 12 | | | Kurzperiodisch | |
| S 4812 Hor | 3 3 39 | −56 37.0 | 10.5 | 11 | | −56 495 (10.6) | Algol | |
| S 4813 For | 3 17 51 | −38 31.6 | 12 | 13 | | | Algol | |
| S 4814 Ret | 3 20 45 | −61 44.9 | 13 | 14 | | | Kurzperiodisch | 547 |
| S 4815 Hor | 3 22 56 | −46 19.0 | 10 | 11 | −46 1038 ( 9.9) | −46 322 ( 9.8) | Algol | |
| S 4816 Ret | 3 23 33 | −65 28.9 | 10 | 11 | | | Kurzperiodisch | |
| S 4817 For | 3 25 33 | −36 28.8 | 10 | 10.5 | −36 1326 ( 9.8) | | Kurzperiodisch | |
| S 4818 Ret | 3 26 39 | −65 23.8 | 12 | 13 | | | Kurzperiodisch | |
| S 4819 Oct | 3 28 55 | −86 11.8 | 12 | [13 | | | Algol | |
| S 4820 Eri | 3 29 58 | −39 49.8 | 9 | 9.5 | −39 1084 ( 8.7) | −39 321 ( 8.6) | Algol | 548 |
| S 4821 Hyi | 3 39 48 | −72 48.2 | 12 | 13 | | | Algol | |
| S 4822 Eri | 3 44 56 | −42 59.8 | 10 | 11 | −42 1258 ( 9.9) | −42 365 (10.0) | Algol | |
| S 4823 Ret | 3 46 42 | −67 4.6 | 9.5 | 10.5 | −67 213 ( 8.5) | −67 258 ( 9.2) | Langperiodisch? | 549 |
| S 4824 Ret | 3 47 20 | −57 43.9 | 10 | 10.5 | −57 748 (10 ) | −57 579 (10.0) | Langs. veränd. | |
| S 4825 Hyi | 3 49 3 | −70 15.2 | 9.5 | 11 | −70 206 ( 9.4) | −70 261 ( 9.3) | Langs. veränd. | |
| S 4826 Ret | 3 51 59 | −53 52.6 | 11.5 | 12.5 | −53 808 ($10^1/_4$) | | Langperiodisch | |
| S 4827 Hyi | 3 53 46 | −74 20.2 | 12 | [13.5 | | | Mira | 550 |
| S 4828 Hor | 4 0 27 | −46 10.9 | 11.5 | [13.5 | | | Langperiodisch | |
| S 4829 Men | 4 0 38 | −84 20.8 | 11.5 | 13 | | | Algol | |
| S 4830 Ret | 4 5 16 | −60 46.7 | 10.5 | 11 | −60 861 ( 9.4) | −60 294 ( 9.4) | Langs. veränd. | |
| S 4831 Hyi | 4 6 27 | −74 47.3 | 10.5 | 11.5 | | | Algol | |
| S 4832 Hor | 4 10 30 | −46 45.7 | 11.5 | 12 | | | Kurzperiodisch | |
| S 4833 Hor | 4 14 12 | −48 18.8 | 12 | 13.5 | | | Kurzperiodisch | |
| S 4834 Eri | 4 16 37 | −35 36.1 | 12 | 13.5 | −35 1672 (10 ) | | Kurzperiodisch | |
| S 4835 Hyi | 4 16 58 | −73 40.3 | 12 | 13 | | | Algol | 551 |
| S 4836 Ret | 4 17 52 | −64 53.8 | 11.5 | 12.5 | | | Algol | 552 |
| S 4837 Eri | 4 22 8 | −36 35.3 | 12.5 | 13.5 | | | Kurzperiodisch | 553 |
| S 4838 Dor | 4 25 10 | −54 47.2 | 12 | [13.5 | | | Mira | 554 |
| S 4839 Cae | 4 37 1 | −33 29.3 | 10.5 | 11 | −33 1876 ( 9.1) | −33 563 (10.2) | Langs. veränd. | 555 |
| S 4840 Dor | 4 45 0 | −55 54.3 | 10 | [13 | | | Mira | |
| S 4841 Cae | 4 46 41 | −45 59.8 | 10 | 11 | −45 1704 ( 9.6) | −45 527 ( 9.4) | Algol | |
| S 4842 Cae | 4 48 55 | −38 1.5 | 10.5 | 12 | −38 1780 (10 ) | | Kurzperiodisch | |
| S 4843 Cae | 4 57 26 | −39 18.3 | 12 | 13 | | | Kurzperiodisch | |
| S 4844 Col | 5 3 11 | −34 2.0 | 11.5 | 13 | −34 2083 ( 9.9) | | Kurzperiodisch | |
| S 4845 Pic | 5 10 33 | −49 41.4 | 9.5 | 10.5 | | −49 677 (10.0) | Langs. veränd. | 556 |
| S 4846 Col | 5 11 10 | −41 46.3 | 10 | 11 | −41 1776 (10 ) | −41 663 (10.0) | Kurzperiodisch | |
| S 4847 Pic | 5 14 38 | −45 42.8 | 9.5 | 10 | −45 1909 ( 9.6) | −45 599 ( 9.0) | Algol | |
| S 4848 Col | 5 15 30 | −36 1.9 | 10.5 | 11 | −36 2177 (10 ) | −36 693 (10.6) | Kurzperiodisch | |
| S 4849 Pic | 5 40 4 | −51 1.6 | 12 | [13.5 | | | Langperiodisch | |
| S 4850 Lep | 5 43 11 | −25 5.1 | 12 | 12.5 | −25 2681 ( 9.9) | −25 1073 (10.0) | Algol | 557 |
| S 4851 Col | 5 44 30 | −32 22.1 | 12 | 14 | | | Langperiodisch | |
| S 4852 Col | 5 46 4 | −40 26.6 | 12 | [13 | | | Langperiodisch | 558 |
| S 4853 Col | 5 51 56 | −27 41.2 | 11 | 13 | | | Kurzperiodisch | |
| S 4854 Dor | 5 51 57 | −68 14.6 | 11 | 12 | | | Algol? | 559 |
| S 4855 Lep | 5 54 38 | −25 55.9 | 12 | [13 | | | Langperiodisch | |

| Bezeichnung | 1875.0 α | δ | Helligkeit Max. | Min. | CoD | CPD | Art des Lichtwechsels | Bemerkungen |
|---|---|---|---|---|---|---|---|---|
| S 4856 Dor | $5^h57^m30^s$ | −68°55′.1 | $10^m$ | [$12^m5$ | | | Mira? | 560 |
| S 4857 Pic | 5 59 15 | −43 1.5 | 10 | 10.5 | −43° 2215 ( $9^m8$) | −43° 747 ($10^m1$) | Langs. veränd. | 561 |
| S 4858 Men | 6 3 24 | −70 34.8 | 12.5 | [13.5 | | | Langperiodisch | |
| S 4859 Dor | 6 4 54 | −69 41.8 | 10 | 10.5 | −69 356 ( 9.2) | −69 565 ( 9.5) | Langs. veränd. | 562 |
| S 4860 Dor | 6 7 0 | −66 48.1 | 12 | [14 | | | Langperiodisch | |
| S 4861 Pup | 6 9 11 | −45 37.8 | 11 | [13 | −45 2367 (10 ) | | Mira | |
| S 4862 Dor | 6 11 44 | −68 59.0 | 12.5 | [14 | | | Mira | |
| S 4863 Dor | 6 13 39 | −68 18.8 | 10.5 | [12.5 | | | Mira? | 563 |
| S 4864 Pic | 6 16 16 | −61 51.7 | 11.5 | [13 | | | Langperiodisch | 564 |
| S 4865 Men | 6 20 7 | −73 26.0 | 11.5 | 12.5 | | | Kurzperiodisch | 565 |
| S 4866 Col | 6 27 19 | −35 13.5 | 11.5 | 12 | −35 2952 (10 ) | | Algol | |
| S 4867 Pup | 6 29 3 | −43 48.6 | 12 | [13 | | | Mira | 566 |
| S 4868 Pic | 6 30 36 | −63 26.5 | 9 | 10.5 | −63 255 ( 9.2) | −63 590 ( 8.9) | Algol | 567 |
| S 4869 CMa | 6 31 32 | −30 28.9 | 11.5 | [12.5 | −30 3329 ( 9.4) | | Mira | |
| S 4870 CMa | 6 32 27 | −29 43.8 | 11 | 11.5 | −29 3279 ( 9.1) | −29 1375 ( 9.6) | Langs. veränd. | 568 |
| S 4871 Vol | 6 47 39 | −66 51.4 | 12.5 | 13.5 | | | Kurzperiodisch | |
| S 4872 CMa | 7 6 12 | −28 55.0 | 11 | 12 | −28 3968 ( 9.2) | −28 1766 ( 9.4) | Langs. veränd. | |
| S 4873 CMa | 7 8 55 | −25 53.8 | 9 | 10.5 | −25 4243 ( 8.6) | −25 2111 ( 9.1) | Langperiodisch? | 569 |
| S 4874 Pup | 7 10 9 | −37 50.9 | 10.5 | 11.5 | −37 3407 ( 9.3) | −37 1177 (10.0) | Mittl. Periode? | |
| S 4875 Pup | 7 12 28 | −39 41.1 | 11 | 12 | −39 3204 (10 ) | −39 1337 (10.0) | Kurzperiodisch | |
| S 4876 Pup | 7 13 16 | −39 54.2 | 11.5 | 12 | | −39 1342 (10.0) | Algol | 570 |
| S 4877 Car | 7 13 29 | −50 46.2 | 10 | 11 | −50 2665 ( 9.2) | −50 1203 (10.2) | Langs. veränd. | 571 |
| S 4878 Pup | 7 15 39 | −44 21.2 | 9 | 10 | −44 3318 ( 9.7) | −44 1442 ( 9.3) | Mittl. Periode | 572 |
| S 4879 Pup | 7 16 59 | −46 28.4 | 10.5 | 12 | −46 3086 ( 9.9) | −46 1400 (10.2) | Kurzperiodisch | |
| S 4880 Pup | 7 19 10 | −50 35.0 | 12 | 13 | | | Langs. veränd. | |
| S 4881 Pup | 7 23 52 | −36 27.8 | 10 | 11 | −36 3644 (10 ) | −36 1302 (10.5) | Algol? | |
| S 4882 Vol | 7 24 45 | −64 8.5 | 10.5 | 11 | | −64 716 ( 9.7) | Langs. veränd. | |
| S 4883 Car | 7 27 50 | −62 59.2 | 11 | 12 | | | Langs. veränd. | 573 |
| S 4884 Pup | 7 30 19 | −49 51.1 | 11 | 11.5 | −49 2909 ( 9.9) | −49 1276 ( 9.6) | Kurzperiodisch | |
| S 4885 Car | 7 33 43 | −63 27.1 | 10 | 11 | | −63 756 ( 9.5) | Algol | |
| S 4886 Pup | 7 34 32 | −45 45.6 | 10.5 | 11.5 | −45 3332 (10 ) | −45 1648 (10.0) | Algol | 574 |
| S 4887 Car | 7 39 38 | −57 20.8 | 11.5 | 12.5 | | | Kurzperiodisch | 575 |
| S 4888 Vol | 7 50 36 | −67 15.2 | 10.5 | 11 | | | Langs. veränd. | |
| S 4889 Pup | 7 50 37 | −42 34.9 | 11 | 12 | −42 3666 ( 9.9) | −42 1789 ( 9.9) | Langs. veränd. | |
| S 4890 Pup | 7 51 44 | −44 26.5 | 9 | 9.5 | −44 3869 ( 9.5) | −44 2018 ( 8.8) | Algol | |
| S 4891 Pup | 8 0 14 | −26 19.8 | 10 | 10.5 | −26 5491 ( 9.5) | −26 2997 ( 9.4) | Algol | 576 |
| S 4892 Pup | 8 6 17 | −33 8.2 | 10.5 | 11 | −33 4642 ( 9.9) | | Kurzperiodisch | 577 |
| S 4893 Cha | 8 10 34 | −76 10.1 | 12 | [13.5 | | | U Gem | 578 |
| S 4894 Pup | 8 10 51 | −31 29.8 | 10 | 10.5 | −31 5782 ( 9.3) | −31 2241 ( 9.4) | Algol | |
| S 4895 Pup | 8 12 6 | −31 3.4 | 11.5 | [13.5 | | | Langperiodisch | 579 |
| S 4896 Vol | 8 14 13 | −70 21.2 | 12 | [14 | | | Mira | |
| S 4897 Pup | 8 15 20 | −39 5.3 | 11.5 | 12.5 | −39 4228 ( 9.8) | −39 2297 (10.3) | Kurzperiodisch? | 580 |
| S 4898 Vol | 8 15 25 | −68 5.1 | 9.5 | 10 | −68 540 ( 9.0) | −68 761 ( 9.5) | Langs. veränd. | 581 |
| S 4899 Vol | 8 17 44 | −64 47.2 | 11.5 | 12.5 | | | Algol | |
| S 4900 Car | 8 25 4 | −60 41.1 | 10 | 11 | −60 2190 (10.5) | −60 1124 ( 9.6) | Algol | |
| S 4901 Vol | 8 26 44 | −64 18.4 | 12 | [13 | | | Mira | |
| S 4902 Car | 8 29 24 | −59 36.6 | 12 | [14 | | | Mira | |
| S 4903 Vol | 8 30 48 | −65 24.9 | 10 | 11 | | −65 967 ( 9.3) | Algol | |
| S 4904 Vel | 8 32 5 | −51 53.4 | 8.5 | 9 | −51 3102 ( 7.7) | −51 1539 ( 8.6) | Langs. veränd. | 582 |
| S 4905 Vel | 8 34 43 | −43 17.5 | 11.5 | 12.5 | −43 4509 (10 ) | −43 2826 (10.0) | Algol | |
| S 4906 Vol | 8 38 35 | −65 21.0 | 11.5 | 12.5 | | | Algol | |
| S 4907 Vel | 8 53 51 | −41 19.0 | 12 | [13.5 | | | U Gem | 583 |
| S 4908 Pyx | 8 58 19 | −35 26.1 | 11.5 | [13 | | | Mira | 584 |
| S 4909 Pyx | 8 58 30 | −29 42.4 | 11 | 12 | −29 7083 ( 9.5) | | Algol? | |
| S 4910 Vel | 8 58 31 | −52 20.9 | 9 | 10.5 | −52 2738 ( 9.6) | −52 1867 ( 8.9) | Algol | 585 |
| S 4911 Pyx | 9 3 29 | −33 39.8 | 10 | 11 | −33 5777 (10 ) | | Kurzperiodisch | 586 |
| S 4912 Car | 9 15 43 | −71 32.9 | 12.5 | [13.5 | | | Mira | |
| S 4913 Car | 9 25 59 | −60 18.4 | 10 | 11 | −60 2671 ( 9.7) | −60 1445 ( 9.4) | Algol | |
| S 4914 Vel | 9 26 11 | −49 39.0 | 10 | 11 | −49 4449 (10 ) | −49 2517 ( 9.7) | Algol | |
| S 4915 Vel | 9 29 53 | −55 21.7 | 10 | 11 | −55 2785 ( 9.5) | −55 2299 ( 9.4) | Algol | |
| S 4916 Car | 9 34 13 | −65 16.1 | 11.5 | 14 | | | Langperiodisch | |
| S 4917 Car | 9 34 16 | −63 15.2 | 10 | 10.5 | | | Bedeckungsver.? | 587 |
| S 4918 Car | 9 39 40 | −63 7.0 | 12 | [13.5 | | | Mira | |
| S 4919 Car | 9 40 23 | −65 29.4 | 11 | 11.5 | −65 799 (10.0) | −65 1135 ( 9.9) | Langs. veränd. | 588 |
| S 4920 Vel | 9 41 6 | −48 38.9 | 11 | 12 | −48 4974 (10 ) | −48 2682 (10.0) | Algol | |
| S 4921 Vel | 9 42 54 | −46 3.8 | 10 | 11 | −46 5512 ( 9.7) | −46 3943 ( 9.6) | Langs. veränd. | 589 |
| S 4922 Vel | 9 47 11 | −50 18.1 | 10 | 11.5 | −50 4583 ( 9.9) | −50 2809 ( 9.4) | Bedeckungsver.? | |
| S 4923 Car | 9 48 22 | −68 31.3 | 11 | 11.5 | | | Langs. veränd. | 590 |
| S 4924 Car | 9 48 53 | −62 26.0 | 12 | [13.5 | | | Mira | |
| S 4925 Ant | 10 1 2 | −38 16.3 | 11.5 | 12 | −38 6180 (10 ) | | Kurzperiodisch | 591 |
| S 4926 Vel | 10 2 39 | −54 25.6 | 10 | 10.5 | −54 3257 (10 ) | −54 3150 ( 9.8) | Algol | |

| Bezeichnung | 1875.0 | | Helligkeit | | CoD | CPD | Art des Lichtwechsels | Bemerkungen |
|---|---|---|---|---|---|---|---|---|
| | α | δ | Max. | Min. | | | | |
| S 4927 Car | $10^h\ 5^m\ 47^s$ | $-64^\circ 31'.7$ | $11^m$ | [$13^m$ | | | Mira | 592 |
| S 4928 Ant | 10 6 25 | −31 58.1 | 10.5 | 11 | $-31^\circ$ 8038 ($9^m.4$) | $-31^\circ$ 2994 ($10^m.0$) | Langs. veränd. | 593 |
| S 4929 Car | 10 11 4 | −72 4.3 | 11 | [13 | | −72 914 ( 9.8) | Algol | |
| S 4930 Ant | 10 12 42 | −36 10.8 | 9.5 | 10 | −36 6274 ( 9.3) | −36 4216 ( 9.4) | Algol | |
| S 4931 Ant | 10 12 52 | −32 39.0 | 9.5 | 10.5 | −32 7222 ( 9.5) | −32 2863 ( 9.7) | Langperiodisch? | |
| S 4932 Ant | 10 20 43 | −37 52.8 | 11 | [12.5 | | | Mira | 594 |
| S 4933 Ant | 10 24 37 | −36 40.3 | 11 | 13 | | | Langperiodisch | |
| S 4934 Ant | 10 25 29 | −35 19.9 | 11 | 13 | −35 6486 ( 9.8) | −35 4184 (10.2) | Algol | |
| S 4935 Vel | 10 26 2 | −40 36.4 | 10.5 | 11.5 | | | Algol | 595 |
| S 4936 Car | 10 33 11 | −60 49.5 | 10.5 | 11 | | −60 2073 ( 9.4) | Algol | |
| S 4937 Ant | 10 33 35 | −39 0.5 | 10.5 | 11 | −39 6552 ( 9.2) | −39 4565 ( 9.8) | Langs. veränd. | 596 |
| S 4938 Car | 10 39 25 | −72 20.0 | 10 | 10.5 | | −72 1017 ( 9.4) | Bedeckungsver. | |
| S 4939 Vel | 10 40 12 | −51 45.0 | 10 | 11 | −51 5013 ( 9.8) | −51 3551 ( 9.5) | Algol | |
| S 4940 Vel | 10 40 29 | −43 19.7 | 10 | 11.5 | | | Kurzperiodisch | |
| S 4941 Car | 10 40 48 | −68 11.6 | 12.5 | [13.5 | | | Mira | |
| S 4942 Vel | 10 44 43 | −43 52.7 | 10 | 12 | −43 6583 (10 ) | −43 4965 (10.2) | Algol | |
| S 4943 Car | 10 45 31 | −59 19.1 | 9 | 11 | −59 3368 ( 7.9) | −59 2775 ( 9.0) | Langs. veränd. | 597 |
| S 4944 Car | 10 47 22 | −65 40.2 | 10 | 10.5 | −65 1011 (10.0) | −65 1135 ( 9.9) | Algol | 598 |
| S 4945 Ant | 10 55 34 | −36 30.0 | 10 | 11 | −36 6877 ( 9.9) | −36 4753 (10.0) | Algol | |
| S 4946 Hya | 10 58 22 | −32 46.0 | 10 | 10.5 | −32 7867 ( 9.7) | | Kurzperiodisch | 599 |
| S 4947 Cen | 11 20 20 | −50 40.4 | 10 | 10.5 | −50 6004 ( 9.2) | −50 4227 ( 9.4) | Langs. veränd. | 600 |
| S 4948 Cen | 11 23 5 | −53 1.9 | 10 | 10.5 | −53 4065 (10 ) | −53 4578 (10.0) | Langs. veränd. | 601 |
| S 4949 Cha | 11 29 18 | −77 3.4 | 9.5 | 10 | −77 494 ( 9.8) | −77 692 ( 9.0) | Algol | |
| S 4950 Cen | 11 30 31 | −45 48.7 | 9.5 | 10 | −45 7127 ( 9.7) | −45 5535 ( 9.5) | Langs. veränd.? | 602 |
| S 4951 Cen | 11 36 43 | −51 4.5 | 10.5 | 11 | −51 5961 ( 9.9) | −51 4403 ( 9.6) | Langs. veränd. | 603 |
| S 4952 Mus | 11 41 47 | −68 17.4 | 9 | 10 | −68 982 ( 9.1) | −68 1567 ( 8.7) | Algol | 604 |
| S 4953 Hya | 11 46 11 | −25 5.3 | 10.5 | 11 | −25 8911 ( 9.7) | | Langs. veränd. | |
| S 4954 Cen | 11 55 1 | −36 43.4 | 11 | [13 | | | Mira | |
| S 4955 Cen | 11 57 2 | −37 20.6 | 11.5 | [13 | | | Mira | |
| S 4956 Mus | 11 58 25 | −72 10.5 | 10 | 10.5 | −72 773 (10.0) | −72 1201 ( 9.3) | Kurzperiodisch | 605 |
| S 4957 Cen | 11 58 50 | −54 29.4 | 11 | 12.5 | | | Mira | 606 |
| S 4958 Cru | 12 16 35 | −61 56.8 | 11 | 13 | | | Langs. veränd. | 607 |
| S 4959 Cen | 12 22 14 | −47 16.1 | 12 | 13.5 | | | Langperiodisch | |
| S 4960 Cen | 12 24 27 | −38 36.4 | 11 | [13 | | | Mira | |
| S 4961 Oct | 12 36 36 | −86 46.3 | 10.5 | 11 | | −86 268 ( 9.9) | Langs. veränd. | 608 |
| S 4962 Mus | 12 37 24 | −66 23.3 | 12 | 13 | | | Langs. veränd. | 609 |
| S 4963 Cen | 12 51 56 | −36 17.8 | 9 | 10 | −36 8231 ( 8.9) | −36 5756 ( 9.0) | Algol | 610 |
| S 4964 Cen | 12 52 29 | −57 50.4 | 10 | 11.5 | −57 4818 ( 9.5) | −57 5837 ( 9.0) | Algol | |
| S 4965 Cen | 12 56 52 | −61 0.0 | 10 | 10.5 | −60 4471 ( 9.8) | −61 3438 ( 9.3) | Algol | |
| S 4966 Cen | 12 57 55 | −34 55.4 | 11 | [13.5 | −34 8628 ( 9.1) | | Mira | 611 |
| S 4967 Cen | 13 18 6 | −63 50.8 | 12.5 | 13.5 | | | Langs. veränd. | |
| S 4968 Hya | 13 21 3 | −26 26.7 | 11 | 12 | | | Kurzperiodisch | |
| S 4969 Cen | 13 21 8 | −32 5.2 | 11 | 11.5 | −32 9377 ( 9.9) | | Algol | |
| S 4970 Cen | 13 21 50 | −31 21.1 | 9.5 | 10.5 | −31 10386 ( 9.5) | −31 3600 (10.4) | Langs. veränd.? | 612 |
| S 4971 Cen | 13 21 51 | −43 35.0 | 10 | 11 | −43 8317 ( 9.5) | −43 6162 ( 9.4) | Langs. veränd. | 613 |
| S 4972 Cen | 13 26 48 | −33 5.6 | 12.5 | [13.5 | | | Mira | |
| S 4973 Cen | 13 31 53 | −44 27.6 | 9.5 | 10 | −44 8789 ( 9.7) | −44 6453 ( 9.2) | Algol | 614 |
| S 4974 Cen | 13 32 54 | −36 48.3 | 11.5 | 12.5 | | | Kurzperiodisch | 615 |
| S 4975 Cen | 13 37 30 | −45 31.9 | 10.5 | 11 | −45 8674 ( 9.9) | −45 6526 (10.0) | Kurzperiodisch | |
| S 4976 Cen | 13 41 25 | −47 9.1 | 10 | 10.5 | −47 8633 ( 9.9) | −47 6209 ( 9.4) | Langs. veränd. | |
| S 4977 Cen | 13 42 21 | −30 36.7 | 11.5 | 12.5 | −30 10916 ( 9.7) | | Langs. veränd. | |
| S 4978 Hya | 13 46 30 | −28 57.5 | 11 | 12 | | | Kurzperiodisch | |
| S 4979 Hya | 13 49 49 | −26 32.4 | 9 | 10 | −26 10002 ( 8.7) | −26 5112 ( 9.1) | Mittl. Periode? | 616 |
| S 4980 Cen | 13 54 48 | −48 4.5 | 10 | 10.5 | −48 8703 (10 ) | −48 6054 (10.2) | Kurzperiodisch | 617 |
| S 4981 Cen | 13 56 0 | −35 48.0 | 10 | 11 | −35 9225 ( 9.7) | −35 6080 (10.0) | Mittl. Periode? | 618 |
| S 4982 Cen | 13 58 14 | −30 48.1 | 10 | 11.5 | −30 11145 ( 9.8) | | RW Aur? | 619 |
| S 4983 Cen | 14 2 38 | −30 2.1 | 10.5 | 11.5 | −30 11202 ( 9.7) | | Langperiodisch? | |
| S 4984 Hya | 14 2 59 | −25 34.3 | 11 | 12 | −25 10194 ( 9.6) | | Langs. veränd. | |
| S 4985 Aps | 14 3 57 | −73 40.4 | 11.5 | [13 | | −73 1254 ( 9.6) | Algol | |
| S 4986 Cir | 14 8 36 | −68 39.4 | 12 | 13 | | | Mittl. Periode? | |
| S 4987 Cen | 14 8 46 | −49 21.7 | 8.5 | 10 | −49 8609 ( 8.2) | −49 6836 ( 8.5) | Algol | 620 |
| S 4988 Cen | 14 9 8 | −36 20.7 | 12 | 13.5 | −36 9236 ( 9.9) | | Langs. veränd. | |
| S 4989 Hya | 14 9 12 | −26 4.2 | 10 | 11 | −26 10195 ( 9.2) | −26 5215 ( 9.8) | Kurzperiodisch? | |
| S 4990 Cen | 14 17 24 | −34 5.3 | 11 | 12.5 | | | Kurzperiodisch | 621 |
| S 4991 Cen | 14 18 5 | −29 39.7 | 10 | 10.5 | −29 11053 ( 9.3) | −29 3978 ( 9.7) | Algol | 622 |
| S 4992 Cen | 14 21 20 | −38 20.6 | 10 | 11 | −38 9405 ( 9.3) | −38 5865 (10.6) | Langs. veränd. | |
| S 4993 Cen | 14 22 49 | −34 13.0 | 11 | 12.5 | | | Unregelmäßig? | 623 |
| S 4994 Cen | 14 25 19 | −33 0.1 | 11.5 | 12.5 | −33 9873 ( 9.9) | | Kurzperiodisch | 624 |
| S 4995 Cen | 14 30 2 | −38 18.0 | 11 | 11.5 | −38 9520 ( 9.6) | | Kurzperiodisch | |
| S 4996 Cen | 14 33 9 | −31 27.6 | 12.5 | 13.5 | | | Kurzperiodisch? | 625 |
| S 4997 Cir | 14 33 17 | −66 10.1 | 10 | 11 | −66 1631 (10.0) | −66 2617 ( 9.4) | Algol | |

| Bezeichnung | 1875.0 α | δ | Helligkeit Max. | Min. | CoD | CPD | Art des Lichtwechsels | Bemerkungen |
|---|---|---|---|---|---|---|---|---|
| S 4998 Cen | $14^h34^m40^s$ | $-39°55'.2$ | $10^m$ | $10^m.5$ | $-39°$ 9135 ( $9^m.7$) | $-39°$ 6408 ($10^m.0$) | Kurzperiodisch | |
| S 4999 Cen | 14 43 34 | −37 9.7 | 9.5 | 10 | −37 9743 ( 9.9) | −37 6268 ( 9.6) | Kurzperiodisch | |
| S 5000 Lup | 14 46 17 | −53 32.2 | 11.5 | 12.5 | −53 5755 ( 10) | | Mittl. Periode? | |
| S 5001 Lup | 14 51 42 | −42 28.8 | 9.5 | 10.5 | −42 9876 ( 9.6) | −42 6864 ( 9.3) | Algol | |
| S 5002 Cen | 14 51 45 | −34 52.5 | 10 | 12 | −34 10090 ( 8.5) | −34 6282 (10.2) | Mittl. Periode | |
| S 5003 Cen | 14 51 56 | −32 55.3 | 11 | [13 | −32 10517 ( 9.9) | | Langs. veränd. | 626 |
| S 5004 Cen | 14 53 41 | −39 15.8 | 12 | [13.5 | | | Mira | 627 |
| S 5005 TrA | 15 3 15 | −64 37.9 | 12 | [13.5 | | | U Gem? | 628 |
| S 5006 Lup | 15 3 25 | −43 25.8 | 11 | [13 | | | Mira | |
| S 5007 Nor | 15 3 34 | −54 16.8 | 10 | 10.5 | −54 6085 ( 9.5) | −54 6382 ( 9.6) | Kurzperiodisch | |
| S 5008 Cir | 15 3 44 | −59 51.4 | 12 | [13.5 | −59 5568 ( 9.6) | | Langperiodisch | 629 |
| S 5009 TrA | 15 7 7 | −65 3.2 | 10 | 11.5 | | −65 3019 ( 9.9) | Algol | |
| S 5010 Lup | 15 7 11 | −36 12.5 | 11 | [14 | | | Mira | |
| S 5011 Lup | 15 11 5 | −51 26.1 | 10 | 12 | −51 8978 ( 9.8) | −51 7849 ( 9.8) | Algol | |
| S 5012 Lup | 15 11 46 | −33 39.4 | 12 | [13.5 | | | Mira | |
| S 5013 TrA | 15 31 5 | −65 15.0 | 11 | 11.5 | | | Langs. veränd. | 630 |
| S 5014 Lup | 15 35 27 | −36 46.1 | 9.5 | 10.5 | −36 10360 ( 8.3) | −36 6858 ( 9.0) | Langs. veränd. | 631 |
| S 5015 TrA | 15 35 28 | −65 19.5 | 9.5 | 10.5 | −65 2004 ( 9.8) | | Langs. veränd. | |
| S 5016 Nor | 15 36 45 | −51 30.1 | 10 | 11.5 | −51 9462 ( 9.7) | −51 8530 (9.0) | Algol | |
| S 5017 Lib | 15 37 1 | −28 16.3 | 11.5 | [13.5 | | | Mira | 632 |
| S 5018 TrA | 15 37 18 | −66 21.0 | 11.5 | 12 | | | Algol | 633 |
| S 5019 TrA | 16 0 18 | −69 38.4 | 10 | 10.5 | | | Kurzperiodisch | 634 |
| S 5020 Oct | 16 3 8 | −83 35.9 | 9 | 10 | −83 210 ( 9.4) | −83 603 ( 9.0) | Kurzperiodisch | 635 |
| S 5021 TrA | 16 5 30 | −69 25.1 | 11 | 13.5 | −69 1501 (10.2) | −69 2509 ( 9.6) | Algol | |
| S 5022 TrA | 16 9 23 | −65 33.3 | 9.5 | 10.5 | −65 2126 ( 9.4) | −65 3284 ( 9.0) | Algol | |
| S 5023 Nor | 16 12 30 | −44 5.6 | 10 | 11 | −44 10791 ( 9.8) | −44 7842 ( 9.8) | Algol | 636 |
| S 5024 TrA | 16 14 34 | −65 12.6 | 11.5 | [13.5 | | | Mira | |
| S 5025 Ara | 16 35 42 | −51 5.9 | 10.5 | 12 | | | Kurzperiodisch | |
| S 5026 Ara | 16 46 54 | −46 51.4 | 11 | 11.5 | −46 11113 ( 9.8) | | Langs. veränd. | 637 |
| S 5027 Aps | 16 47 34 | −71 18.7 | 12 | 12.5 | | | Langs. veränd. | 638 |
| S 5028 Aps | 16 52 25 | −73 32.8 | 10 | 11 | −73 1260 (10.0) | −73 1790 ( 9.2) | Algol | |
| S 5029 Aps | 16 56 43 | −76 23.7 | 12.5 | [13.5 | | | Mira | 639 |
| S 5030 Ara | 16 58 10 | −48 7.8 | 10.5 | 13 | −48 11445 (10 ) | | Mittl. Periode | 640 |
| S 5031 Ara | 16 59 28 | −66 26.5 | 13 | [14 | | | Mira | |
| S 5032 Ara | 17 17 39 | −61 21.3 | 12 | 13.5 | | | Algol | |
| S 5033 Aps | 17 18 5 | −76 7.4 | 12 | 13 | | | Kurzperiodisch | |
| S 5034 Ara | 17 32 0 | −48 50.3 | 12 | 13 | | | Kurzperiodisch | |
| S 5035 Aps | 17 38 4 | −69 17.0 | 12 | 13 | | | Kurzperiodisch | |
| S 5036 Ara | 17 38 23 | −52 53.5 | 12 | [13.5 | | | Mira | |
| S 5037 Ara | 17 40 18 | −49 26.5 | 10 | 11.5 | −49 11735 (10 ) | −49 10271 ( 9.8) | Algol | |
| S 5038 Sco | 17 40 41 | −38 8.7 | 10 | 10.5 | −38 12214 ( 9.9) | −38 7051 ( 9.6) | Algol | |
| S 5039 Ara | 17 44 1 | −49 40.9 | 10.5 | 11 | −49 11772 (10 ) | −49 10314 (10.0) | Algol | 641 |
| S 5040 Aps | 17 47 32 | −69 14.2 | 11.5 | [12.5 | | | Langperiodisch? | 642 |
| S 5041 Sco | 17 48 52 | −40 31.9 | 11.5 | 12.5 | | | Mittl. Periode | 643 |
| S 5042 CrA | 17 53 4 | −42 36.4 | 12.5 | [14 | | | Mira | |
| S 5043 Aps | 17 54 7 | −69 25.2 | 11 | 11.5 | | −69 2828 ( 9.8) | Bedeckungsver. | 644 |
| S 5044 CrA | 18 5 42 | −44 29.5 | 12.5 | 14 | | | Langperiodisch | |
| S 5045 Tel | 18 18 59 | −52 58.4 | 10.5 | 11 | −52 8667 ( 9.7) | −52 11122 (10.2) | Langs. veränd. | 645 |
| S 5046 Pav | 18 21 7 | −58 57.8 | 10.5 | 11.5 | | | Langs. veränd. | 646 |
| S 5047 Tel | 18 22 6 | −47 57.5 | 12.5 | [14 | | | Mira | |
| S 5048 Tel | 18 24 55 | −52 40.6 | 13 | 14 | | | Kurzperiodisch | 647 |
| S 5049 Pav | 18 29 37 | −62 42.8 | 12 | 13 | | | Langs. veränd. | 648 |
| S 5050 CrA | 18 35 16 | −43 28.4 | 12.5 | [14 | | | Mira | |
| S 5051 CrA | 18 36 40 | −38 41.7 | 10 | 11 | −38 13053 ( 9.3) | −38 7582 ( 9.9) | Algol | 649 |
| S 5052 Tel | 18 36 50 | −50 49.9 | 12.5 | 13.5 | | | Langs. veränd. | |
| S 5053 CrA | 18 39 27 | −37 52.2 | 10 | 11 | −37 12867 ( 9.6) | −37 8338 ( 9.5) | Kurzperiodisch | |
| S 5054 CrA | 18 42 11 | −43 19.4 | 10.5 | 11 | −43 12881 (10 ) | −43 8794 (10.2) | Algol | |
| S 5055 Tel | 18 45 11 | −46 16.9 | 12 | [13.5 | | | Langperiodisch | |
| S 5056 Tel | 18 46 17 | −48 14.5 | 11 | 12 | | | Kurzperiodisch? | 650 |
| S 5057 Oct | 18 50 25 | −75 30.9 | 11 | 12.5 | | | Algol | |
| S 5058 Tel | 18 53 2 | −47 42.7 | 12 | [14 | | | Mira | |
| S 5059 Pav | 18 53 59 | −57 36.4 | 11 | 11.5 | −57 7490 ( 9.6) | −57 9303 ( 9.6) | Langs. veränd.? | |
| S 5060 Tel | 18 56 43 | −47 25.7 | 10.5 | 11.5 | −47 12722 ( 9.6) | −47 9166 (10.3) | Langs. veränd. | 651 |
| S 5061 Pav | 19 0 54 | −61 29.3 | 12 | 13 | | | Langs. veränd. | |
| S 5062 Tel | 19 4 47 | −46 12.3 | 10 | 10.5 | −46 12875 ( 9.3) | −46 9655 ( 9.9) | Langs. veränd. | 652 |
| S 5063 Sgr | 19 11 17 | −28 14.5 | 13 | [14 | | | Langperiodisch? | |
| S 5064 Sgr | 19 13 6 | −31 37.5 | 10 | 11 | −31 16600 (9.8 ) | | Mittl. Periode? | |
| S 5065 Sgr | 19 13 13 | −44 11.7 | 10.5 | [12.5 | | | Mira | |
| S 5066 Pav | 19 13 17 | −58 46.1 | 11 | 13 | −58 7413 (10 ) | | Langs. veränd. | 653 |
| S 5067 Sgr | 19 16 2 | −34 40.7 | 10.5 | 11 | −34 13643 ( 9.7) | | Algol | 654 |
| S 5068 Sgr | 19 20 50 | −45 4.6 | 12 | 13.5 | | | Mittl. Periode | 655 |

| Bezeichnung | 1875.0 | | Helligkeit | | CoD | CPD | Art des Lichtwechsels | Bemerkungen |
|---|---|---|---|---|---|---|---|---|
| | α | δ | Max. | Min. | | | | |
| S 5069 Tel | 19h21m 9s | −45°33′.0 | 12m | [14m | | | Mira | |
| S 5070 Pav | 19 21 22 | −57 36.3 | 12.5 | 13.5 | | | Kurzperiodisch | |
| S 5071 Sgr | 19 21 51 | −40 43.5 | 12 | [13.5 | | | Mira | |
| S 5072 Tel | 19 24 16 | −45 55.8 | 10.5 | 12.5 | | | U Gem? | 656 |
| S 5073 Sgr | 19 26 50 | −34 26.0 | 10 | 10.5 | −34° 13779 ( 9m.5) | −34° 8467 ( 9m.6) | Langs. veränd.? | 657 |
| S 5074 Sgr | 19 26 53 | −32 14.5 | 12 | 13 | | | Langs. veränd. | 658 |
| S 5075 Tel | 19 27 16 | −53 14.5 | 11 | 12.5 | | | Kurzperiodisch | 659 |
| S 5076 Tel | 19 27 18 | −51 3.7 | 10.5 | 11.5 | | | Kurzperiodisch | 660 |
| S 5077 Sgr | 19 27 31 | −37 36.9 | 10 | 10.5 | −37 13262 ( 9.5) | −37 8554 ( 9.8) | Langs. veränd. | 661 |
| S 5078 Sgr | 19 28 36 | −32 1.7 | 12 | [13.5 | | | Mira | 662 |
| S 5079 Tel | 19 29 38 | −52 54.6 | 11 | 11.5 | −52 9189 (10 ) | −52 11489 (10.2) | Algol | 663 |
| S 5080 Tel | 19 29 41 | −53 8.0 | 10.5 | 11.5 | −53 8226 (10 ) | −53 9621 (10.0) | Langs. veränd. | |
| S 5081 Sgr | 19 30 20 | −44 46.5 | 10.5 | 11 | −44 13460 (10 ) | | Langs. veränd. | 664 |
| S 5082 Pav | 19 30 59 | −58 52.5 | 12 | [13.5 | | | Mira | 665 |
| S 5083 Sgr | 19 33 20 | −39 16.8 | 11 | 13 | −39 13394 ( 9.7) | | Langperiodisch | 666 |
| S 5084 Sgr | 19 33 57 | −27 28.1 | 12 | [13 | | | Mira | |
| S 5085 Sgr | 19 34 40 | −34 47.0 | 12.5 | [14 | | | Mira | |
| S 5086 Sgr | 19 37 11 | −41 14.2 | 11 | 11.5 | | | Kurzperiodisch | |
| S 5087 Sgr | 19 40 20 | −26 34.0 | 12 | 13 | −26 14519 ( 9.9) | | Langs. veränd. | 667 |
| S 5088 Pav | 19 40 44 | −63 59.2 | 11 | 12 | | | Kurzperiodisch | 668 |
| S 5089 Tel | 19 41 14 | −51 39.2 | 11 | 11.5 | | | Langs. veränd. | 669 |
| S 5090 Sgr | 19 41 57 | −36 57.4 | 12 | [14 | | | Mira | |
| S 5091 Sgr | 19 43 8 | −37 29.0 | 12.5 | [14 | | | Mira | 670 |
| S 5092 Sgr | 19 44 24 | −43 46.7 | 11 | 12.5 | −43 13652 ( 9.9) | | Mittl. Periode? | |
| S 5093 Sgr | 19 47 36 | −43 16.6 | 11.5 | 12.5 | | | Kurzperiodisch | |
| S 5094 Pav | 19 48 2 | −62 37.2 | 11 | 12.5 | | | Langperiodisch | |
| S 5095 Sgr | 19 50 6 | −29 5.0 | 12 | 13.5 | | | Langs. veränd. | |
| S 5096 Sgr | 19 53 3 | −28 53.7 | 9.5 | 10.5 | −28 16335 ( 9.4) | −28 7093 ( 9.1) | Algol | 671 |
| S 5097 Sgr | 19 53 17 | −30 51.1 | 10 | 11 | −30 17560 ( 9.5) | −30 6163 (10.4) | Algol | 672 |
| S 5098 Sgr | 20 1 30 | −29 55.0 | 11 | 12 | | | Kurzperiodisch | 673 |
| S 5099 Sgr | 20 1 50 | −34 12.8 | 12.5 | 13.5 | | | Algol | |
| S 5100 Cap | 20 6 44 | −27 17.6 | 11 | [13.5 | | | Mira | 674 |
| S 5101 Tel | 20 6 49 | −51 14.1 | 13 | 14 | | | Langperiodisch | |
| S 5102 Tel | 20 10 49 | −52 13.6 | 9.5 | 10 | −52 9458 ( 8.8) | −52 11669 ( 9.6) | Langs. veränd. | 675 |
| S 5103 Pav | 20 11 36 | −57 54.9 | 11 | 12 | | | Langs. veränd. | |
| S 5104 Cap | 20 11 51 | −26 45.3 | 11.5 | 12.5 | | | Langs. veränd. | 676 |
| S 5105 Sgr | 20 12 19 | −41 30.4 | 10.5 | 11.5 | −41 13980 ( 9.9) | −41 9352 (11.0) | Kurzperiodisch | |
| S 5106 Sgr | 20 13 11 | −39 1.6 | 11 | [13 | | | Algol | 677 |
| S 5107 Cap | 20 14 15 | −25 59.0 | 12.5 | [13.5 | | | Langperiodisch? | |
| S 5108 Sgr | 20 15 18 | −31 41.0 | 10 | 11 | −31 17535 (10 ) | | Kurzperiodisch | 678 |
| S 5109 Cap | 20 25 16 | −26 58.5 | 12 | 13 | | | Kurzperiodisch | 679 |
| S 5110 Ind | 20 26 29 | −48 44.3 | 10.5 | 11 | −48 13615 (10 ) | | Kurzperiodisch | |
| S 5111 Mic | 20 29 14 | −38 56.6 | 11.5 | 12.5 | | | Algol | |
| S 5112 Mic | 20 29 45 | −30 36.0 | 12 | [14 | | | Mira | 680 |
| S 5113 Mic | 20 30 38 | −37 6.6 | 10.5 | 11 | −37 13848 (10 ) | | Mira | 681 |
| S 5114 Pav | 20 30 49 | −70 9.3 | 10 | [13.5 | | | U Gem? | 682 |
| S 5115 Mic | 20 31 5 | −38 22.3 | 10 | 11 | −38 14151 ( 9.6) | | Langs. veränd. | 683 |
| S 5116 Mic | 20 32 17 | −40 3.4 | 10.5 | [13 | | | Mira | |
| S 5117 Pav | 20 36 1 | −69 33.2 | 10 | 11 | | | Algol | |
| S 5118 Mic | 20 41 57 | −42 40.7 | 10.5 | 12 | −42 15112 ( 9.9) | −42 9154 (10.9) | Kurzperiodisch | |
| S 5119 Ind | 20 46 11 | −46 12.1 | 9 | 9.5 | −46 13749 ( 9.6) | −46 10100 ( 9.0) | Algol? | 684 |
| S 5120 Pav | 20 46 30 | −70 53.9 | 7.8 | 8.1 | −70 1798 ( 7.3) | −70 2812 ( 7.4) | Algol | 685 |
| S 5121 Mic | 20 46 59 | −28 12.6 | 10 | [13 | | | Mira | |
| S 5122 Mic | 20 50 16 | −40 42.6 | 10 | [13 | | −40 9422 (10.9) | Mira | 686 |
| S 5123 Mic | 21 19 30 | −43 27.6 | 10.5 | 11 | −43 14544 ( 9.9) | | Mittl. Periode | 687 |
| S 5124 Gru | 21 22 18 | −37 31.8 | 10.5 | 12 | −37 14310 ( 9.6) | | Langs. veränd. | |
| S 5125 Gru | 21 26 13 | −49 41.4 | 11 | 12 | | | Kurzperiodisch | |
| S 5126 Oct | 21 28 10 | −81 7.7 | 10.5 | 11 | | | Kurzperiodisch | 688 |
| S 5127 Gru | 21 30 0 | −45 14.5 | 11 | 12 | | | Kurzperiodisch | |
| S 5128 PsA | 21 31 12 | −33 55.0 | 9 | 9.5 | −33 15677 ( 8.5) | −33 6169 ( 9.4) | Algol | 689 |
| S 5129 Ind | 21 31 57 | −58 8.6 | 11.5 | 12.5 | | | Kurzperiodisch | |
| S 5130 Gru | 21 34 51 | −48 45.3 | 8.5 | 9 | −48 13982 ( 8.1) | −48 10629 ( 8.0) | Kurzperiodisch | |
| S 5131 Gru | 21 38 26 | −43 25.2 | 12 | 13 | | | Kurzperiodisch | 690 |
| S 5132 PsA | 21 39 57 | −36 46.4 | 10 | [13.5 | | | Mira | 691 |
| S 5133 Gru | 21 43 57 | −46 33.8 | 12 | 13 | | | Kurzperiodisch | 692 |
| S 5134 Ind | 21 45 16 | −62 15.0 | 11 | 11.5 | | | Langs. veränd. | |
| S 5135 Ind | 21 48 20 | −73 10.0 | 10.5 | 11 | −73 1591 (10.0) | | Langs. veränd. | |
| S 5136 Ind | 21 55 27 | −67 11.7 | 12 | 13 | | | Kurzperiodisch | |
| S 5137 PsA | 21 58 58 | −30 9.3 | 10 | 11 | −30 19003 ( 9.7) | | Algol | |
| S 5138 Gru | 22 4 32 | −50 43.4 | 12 | 13 | | | Kurzperiodisch | |
| S 5139 Gru | 22 9 19 | −51 12.0 | 12 | 13 | | | Kurzperiodisch | 693 |

| Bezeichnung | 1875.0 α | δ | Helligkeit Max. | Min. | CoD | CPD | Art des Lichtwechsels | Bemerkungen |
|---|---|---|---|---|---|---|---|---|
| S 5140 Gru | 22h19m 44s | −37°49'.4 | 10m | 11m | −37° 14788 ( 9m6) | −37° 9201 (10m2) | Kurzperiodisch | 694 |
| S 5141 PsA | 22 22 30 | −36 23.7 | 11.5 | 12.5 | | | Algol | |
| S 5142 PsA | 22 23 6 | −28 48.1 | 12 | 13 | | | Kurzperiodisch | 695 |
| S 5143 Gru | 22 25 29 | −45 27.3 | 11 | 11.5 | −45 14727 (10 ) | | Unregelmäßig | 696 |
| S 5144 Tuc | 22 27 17 | −65 45.6 | 10 | 11 | | | Langs. veränd. | 697 |
| S 5145 PsA | 22 29 26 | −38 57.0 | 11 | 12 | −38 15133 ( 9.9) | | Algol | |
| S 5146 Gru | 22 31 55 | −47 31.4 | 10.5 | 11 | −47 14285 (10 ) | | Kurzperiodisch | |
| S 5147 PsA | 22 34 19 | −33 59.8 | 11 | 12.5 | −34 16181 (10 ) | | Algol | |
| S 5148 Gru | 22 34 45 | −44 48.6 | 10.5 | 11.5 | | | Kurzperiodisch | 698 |
| S 5149 PsA | 22 37 43 | −32 36.7 | 12 | 12.5 | | | Kurzperiodisch | |
| S 5150 Gru | 22 39 58 | −43 24.3 | 11 | 13 | | | RW Aur? | 699 |
| S 5151 PsA | 22 46 35 | −33 36.0 | 11 | [14 | −33 16275 ( 9.0) | | Mira | |
| S 5152 PsA | 22 47 20 | −35 3.3 | 9.5 | [13 | −35 15560 ( 9.5) | | Mira | |
| S 5153 PsA | 22 49 39 | −36 16.5 | 11 | [13 | | | Mira | |
| S 5154 Gru | 22 51 9 | −42 29.7 | 10.5 | 11 | −42 16149 ( 9.7) | −42 9511 (10.2) | Kurzperiodisch? | |
| S 5155 Gru | 22 56 29 | −50 38.0 | 10 | 11 | −50 13866 ( 9.8) | −50 11775 (10.4) | Langs. veränd. | |
| S 5156 Oct | 23 3 29 | −75 15.7 | 12 | 13.5 | | | Kurzperiodisch | 700 |
| S 5157 Gru | 23 7 1 | −51 20.0 | 12 | 13 | | | Kurzperiodisch | 701 |
| S 5158 Gru | 23 12 34 | −40 58.9 | 11 | 12 | −40 15106 (10 ) | | Unregelmäßig? | 702 |
| S 5159 Scl | 23 16 6 | −30 48.3 | 10 | 11.5 | | | Kurzperiodisch | 703 |
| S 5160 Scl | 23 19 44 | −31 46.5 | 12 | 13 | | | Bedeckungsver. | |
| S 5161 Tuc | 23 21 44 | −65 27.1 | 9.5 | 10.5 | −65 2919 ( 9.5) | −65 4140 ( 9.4) | Mittl. Periode | 704 |
| S 5162 Tuc | 23 23 18 | −59 6.9 | 9 | 10 | −59 8141 ( 8.2) | −59 7894 ( 8.6) | Algol | 705 |
| S 5163 Phe | 23 27 6 | −45 44.4 | 9.5 | 10 | −45 15067 ( 9.3) | −45 10439 ( 9.4) | Mittl. Periode | 706 |
| S 5164 Phe | 23 27 58 | −49 35.7 | 10.5 | 11 | −49 14185 ( 9.9) | −49 11753 ( 9.6) | Bedeckungsver. | |
| S 5165 Tuc | 23 31 10 | −60 7.9 | 10.5 | 12 | | | Algol | |
| S 5166 Phe | 23 43 11 | −43 58.8 | 10 | 11 | −43 15514 ( 9.6) | −43 9789 ( 9.9) | Algol | |
| S 5167 Tuc | 23 57 43 | −60 10.8 | 10 | 11 | −60 8161 (10¼) | −60 7712 ( 9.6) | Kurzperiodisch | |
| | | | | | **Äquinoktium 1855.0** | | | |
| | | | | | BD | | | |
| S 5168 Eri | 3 42 57 | −21 19.0 | 8.5 | 9 | −21 707 ( 8.8) | −21 422 ( 8.4) | Algol | 707 |
| | | | | | **Äquinoktium 1875.0** | | | |
| | | | | | CoD | | | |
| 964.1936 Tuc | 0 48 22 | −70 33.6 | 10.5 | [13 | | | Mira | 708 |
| 9.1932 Hyi | 2 6 25 | −63 54.4 | 10.5 | [13 | | | Mira | |
| 200.1934 Dor | 4 3 1 | −55 11.6 | 11 | [13 | | | Mira | |
| 11.1932 Hyi | 4 10 5 | −71 37.0 | 8.8 | [14.0 | | | U Gem | |
| 54.1932 Ret | 4 15 46 | −60 53.7 | 11.5 | [13.5 | | | Mira | |
| 214.1907 Col | 5 4 15 | −34 40.7 | 9.5 | 10 | −34 2092 ( 8.2) | −34 595 ( 9.4) | Langs. veränd. | 709 |
| 88.1907 Car | 6 38 1 | −52 18.8 | 9.5 | 10.5 | −52 1638 ( 9.1) | −52 979 ( 9.2) | Langs. veränd. | |
| 17.1932 Vol | 6 42 20 | −74 4.4 | 12 | [14 | | | Langperiodisch | |
| 842.1936 CMa | 7 9 56 | −25 34.6 | 12 | [13 | | | Langperiodisch | |
| 58.1932 Car | 7 25 16 | −61 36.0 | 12 | 13.5 | | | Langs. veränd. | 710 |
| 61.1932 Car | 7 41 21 | −62 29.4 | 11 | [13 | | | Mira | |
| 62.1932 Cha | 7 51 42 | −77 42.0 | 12.5 | [13.5 | | | Mira | |
| 250.1935 Pup | 8 4 32 | −35 55.0 | 12 | [14 | | | Mira | |
| 271.1930 Pup | 8 16 52 | −25 13.9 | 9.5 | 10.5 | −25 5968 ( 8.4) | −25 3557 ( 9.0) | Langs. veränd. | 711 |
| 66.1932 Cha | 8 31 6 | −76 8.4 | 12.5 | [13.5 | | | Mira | |
| 216.1934 Car | 8 33 23 | −59 31.4 | 11 | 14 | | | Mira | |
| 252.1935 Ant | 9 23 45 | −33 49.0 | 12 | 13 | −33 6107 ( 9.8) | | Langs. veränd. | |
| 33.1909 Vel | 9 27 16 | −49 6.2 | 10 | 11 | −49 4469 ( 9.6) | −49 2535 ( 9.7) | Kurzperiodisch | |
| 81.1932 Car | 9 30 6 | −63 47.7 | 13 | [14 | | | Langperiodisch | |
| 134.1933 Car | 10 0 18 | −69 50.9 | 13 | [14 | | | Langperiodisch | |
| 141.1933 Ant | 10 19 52 | −35 1.8 | 11.5 | [13 | | | Mira | |
| 142.1933 Cha | 10 37 52 | −80 7.2 | 11.5 | [13 | | | Mira | |
| 153.1933 Cha | 11 21 0 | −76 19.3 | 12 | [13.5 | | | Mira | |
| 609.1936 Mus | 11 24 18 | −69 9.1 | 12 | [13.5 | | | Mira | 712 |
| 301.1935 Hya | 11 35 4 | −33 0.8 | 11 | [13 | | | Mira | |
| 176.1933 Cen | 12 11 23 | −51 9.8 | 12 | [13.5 | | | Mira | |
| 227.1932 Hya | 12 46 2 | −25 19.1 | 10 | 11 | −25 9487 ( 8.7) | −25 5042 ( 9.6) | Langs. veränd. | 713 |
| 439.1933 Cen | 13 41 51 | −34 38.3 | 10.5 | [14.5 | | | Mira | 714 |
| 344.1935 Cen | 13 42 55 | −45 9.0 | 11 | [13.5 | | | Mira | 715 |
| 871.1936 Hya | 13 52 2 | −25 14.5 | 11 | [13.5 | −25 10100 ( 9.5) | | Mira | |
| 228.1933 Cen | 13 57 1 | −38 48.1 | 12 | [13.5 | | | Mira | |
| 445.1933 Cen | 14 9 12 | −31 52.2 | 11 | [13 | | | Mira | 716 |
| Pr. 962 Cen | 14 29 51 | −59 17.9 | 12.5 | [13.5 | | | Mira | 717 |
| 108.1907 Aps | 15 7 13 | −70 45.1 | 12 | 12.5 | | −70 2005 ( 9.8) | Langs. veränd. | 718 |
| 257.1933 Lup | 15 7 31 | −35 19.7 | 10.5 | 14 | | | Mira | |
| 258.1933 Lup | 15 7 51 | −39 7.7 | 11 | 14 | | | Unregelmäßig | 719 |
| 262.1933 Lup | 15 12 21 | −37 7.5 | 12 | [14 | | | Mira | |
| 269.1933 Lup | 15 28 50 | −39 19.5 | 12 | [14 | | | Mira | |

| Bezeichnung | 1875.0 α | δ | Helligkeit Max. | Min. | CoD | CPD | Art des Lichtwechsels | Bemerkungen |
|---|---|---|---|---|---|---|---|---|
| 36.1937 Lup | $15^h43^m19^s$ | $-31°12'.5$ | $11^m$ | $[13^m5$ | | | Mira | |
| 37.1937 Lup | 15 43 30 | −32 30.0 | 11.5 | [13.5 | | | Mira | |
| 460.1935 Ara | 16 40 6 | −55 43.7 | 12.5 | [14.5 | | | Mira | |
| 117.1907 Ara | 16 46 2 | −63 0.3 | 10 | 10.5 | | $-63°$ 4037 ($9^m7$) | Kurzperiodisch | |
| 805.1935 Ara | 17 32 14 | −50 57.0 | 12.5 | [13.5 | | | Mira | |
| 112.1932 Aps | 17 33 50 | −77 10.5 | 12.5 | [13.5 | | | Mira | 720 |
| 117.1932 Pav | 18 6 34 | −65 37.7 | 12.5 | [13.5 | | | Mira | |
| 898.1935 CrA | 18 8 48 | −42 7.1 | 13 | [14 | | | Mira | |
| 543.1935 Tel | 18 14 18 | −50 30.8 | 12 | 13.5 | | | Mira | |
| 121.1932 Pav | 18 23 14 | −68 1.4 | 12.5 | [13.5 | | | Mira | |
| 324.1933 Oct | 18 29 10 | −81 4.8 | 11.5 | [13 | | | Langperiodisch | |
| 566.1935 Sgr | 18 32 18 | −35 55.3 | 13 | [14 | | | Mira | |
| 938.1935 CrA | 18 39 22 | −43 26.7 | 12 | [14 | | | Mira | |
| 128.1932 Pav | 18 50 43 | −64 56.2 | 12.5 | [13.5 | | | Mira | |
| Zi 1580 Sgr | 18 54 27 | −31 42.0 | 11 | [13.5 | | | Mira | 721 |
| 954.1935 CrA | 19 3 52 | −39 11.7 | 12 | [14 | | | Mira | |
| 956.1935 Sgr | 19 11 34 | −41 5.9 | 11 | [13.5 | | | Mira | |
| 960.1935 Sgr | 19 16 46 | −44 47.2 | 12.5 | [14 | | | Mira | |
| 961.1935 Sgr | 19 25 12 | −43 13.3 | 12 | 13.5 | | | Langperiodisch | 722 |
| 69.1937 Pav | 19 26 58 | −57 14.6 | 12 | [14 | | | Mira | |
| 135.1932 Pav | 19 31 25 | −60 21.4 | 12.5 | [13.5 | | | Mira | |
| 327.1933 Sgr | 19 35 9 | −36 43.7 | 12.5 | [14 | | | Mira | |
| 954.1936 Sgr | 19 38 5 | −26 53.3 | 11.5 | [13.5 | | | Mira | |
| 25.1932 Oct | 19 44 44 | −77 30.0 | 12.5 | [14 | | | Mira | 723 |
| 956.1936 Sgr | 19 49 8 | −26 24.7 | 12 | [13.5 | | | Mira | 724 |
| 592.1935 Tel | 20 1 59 | −55 47.7 | 12 | [14 | | | Mira | |
| 959.1936 Mic | 20 21 26 | −28 55.8 | 10 | [13 | | | Mira | 725 |
| 969.1935 Mic | 20 38 10 | −42 51.6 | 11 | [13 | | | Mira | |
| 611.1935 Ind | 20 55 9 | −49 58.9 | 10 | [13.5 | | | Mira | 726 |
| 142.1932 Pav | 21 11 6 | −62 6.0 | 12 | [13.5 | | | Mira | |
| 331.1933 Gru | 21 20 18 | −37 42.0 | 12 | 13 | | | Kurzperiodisch | |
| 144.1932 Ind | 21 58 26 | −67 45.0 | 11 | [13 | $-67°$ 2521 ($9^m6$) | | Mira | |
| 145.1932 Tuc | 22 7 55 | −64 25.4 | 11 | [13.5 | | | Mira | |
| 146.1932 Tuc | 22 13 12 | −61 4.8 | 10 | [13 | | | Mira | |
| 30.1932 Tuc | 23 16 3 | −67 2.9 | 11 | [13 | | | Mira | 727 |

## ANMERKUNGEN

### ERSTER TEIL

1. Der Ort stimmt nahe überein mit dem von BD $+8°$ 971 ($9^m5$). Der Veränderliche ist wahrscheinlich nicht stark gefärbt, und der BD-Ort könnte sich auf eine Gruppe schwacher Sterne beziehen.
2. Stern $15^m$ dicht nördlich.
3. Kein Bedeckungsstern, wie der Entdecker angibt (AN **268**.276). Wahrscheinlich ähnlich R CrB. Der Stern steht in der Südspitze eines kleinen, hellen, dreieckigen Nebels.
4. Die geringe Veränderlichkeit scheint sicher zu sein.
5. Dem Stern BD $+11°$ 926 ($9^m3$) dicht südlich vorausgehend.
6. Nahe bei FQ Ori.
7. Sehr kleine Amplitude.
8. Entdeckt von Hoffleit.
9. BD $+16°$ 840 ($9^m5$); offenbar rot.
10. Dem Stern BD $+21°$ 940 ($9^m5$) dicht südlich vorausgehend.
11. Verdächtigt von Hoffleit (HB 901); die Veränderlichkeit scheint sicher.
12. Entdeckt von Hoffmeister; rot.
13. BD $+18°$ 955 ($8^m4$) = HD 38321 Sp. G5; der Ort stimmt sehr nahe überein mit dem von HV 6922 (HB 901), welch letzterer Stern wiedergefunden wurde.
14. Wahrscheinlich lange Stillstände.
15. Wahrscheinlich langperiodisch.
16. Schwierig, kleine Amplitude.
17. Wahrscheinlich Bedeckungsstern.
18. Schwierig, aber sicher.
19. Geringe Amplitude.
20. Wahrscheinlich enges Paar.
21. Nicht identisch mit 476.1934.
22. Minima nicht selten.
23. BD $+14°$ 1550 ($9^m8$); Lichtänderungen offensichtlich nicht sehr langsam.
24. Periode etwa $200^d$.
25. Nur ein Minimum, aber sicher.
26. Entdeckt von Luyten.
27. Langperiodisch?
28. CoD $-24°$ 6497 ($9^m8$).
29. Nahe bei 849.1936.
30. BD $+38°$ 3200 ($8^m5$).
31. BD $+54°$ 2255 ($8^m3$) = HD 189371 Sp. A0; wahrscheinlich Bedeckungsstern.
32. Hell auf einer isolierten Platte 1943 Dez. 17, gegen Ende Oktober 1943 etwa $15^m5$, zu anderen Zeiten nur noch eine schwache Erhebung 1934 April 11 ($16^m5$), wahrscheinlich Mira-Stern mit einer Periode von etwa $180^d$.
33. Die Bemerkung eines Bearbeiters (Zweiter Prager-Katalog), daß der Stern kurzperiodisch sei, ist unrichtig.
34. Wahrscheinlich rötlich.
35. Nicht merklich gefärbt.
36. Stern $16^m5$ dicht folgend.
37. Rötlich.
38. Lange Stillstände im hellen Licht; nördlich vorausgehendes Glied eines Paares.

39. Gelb, vielleicht $\delta$ Cephei-Typus, schwierig wegen kleiner Amplitude.
40. BD $+58^\circ$ 2117 ($9^m_.5$).
41. Offenbar nicht merklich gefärbt; in den Jahren 1931 bis 1934 allgemein heller als 1943 – 45.
42. Genäherte Elemente Max. = 2431744 + $260^d \cdot E$.
43. Minima ziemlich selten.
44. Rot.
45. Augenscheinlich rot.
46. Rot.
47. Die Plattenreihe von 1939 bis 1945 belegt drei Erhellungen: 1942 Juni 5 bis 9, 1943 Okt. 31 bis Nov. 1, 1944 Sept. 11.
48. Der Stern macht einen Algol-ähnlichen Eindruck.
49. Der Veränderliche könnte als Algol-Stern angesehen werden, aber anscheinend dauern die Minima manchmal mehrere Tage, und ferner sind kleine Änderungen in der Normalhelligkeit angedeutet; damit ist eine Verwandtschaft mit BH Cephei nahegelegt.
50. Kleine Amplitude, aber sicher; nicht identisch mit V 345 Cygni, der 7′ nördlich steht; man vergleiche die Karte in NNVS **4**.23.
51. Kleine Amplitude.
52. SVS 468.
53. Kleine Amplitude, aber gute Vergleichsterne.
54. Trotz Andeutung kurzperiodischen Lichtwechsels hat der Stern offenbar lange Stillstände im hellen Licht.

## ZWEITER TEIL

55. Maxima augenscheinlich sehr selten.
56. Offenbar unregelmäßig mit langen Stillständen, $\mu$ Cephei-Typus, rötlich.
57. Rot.
58. Minima selten.
59. Rot; langperiodisch?
60. Wahrscheinlich W UMa- oder $\beta$ Lyrae-Typus.
61. Wahrscheinlich gelb und unregelmäßig.
62. Schwierig, aber augenscheinlich ganz sicher.
63. Minima selten.
64. Zeigt das Verhalten eines $\zeta$ Gem- oder RRc-Sterns; nicht merklich gefärbt.
65. Die Plattenreihen von 1938 bis 1943 zeigen zwei Gruppen von Minima auf: 1938 Juli 26 $15^m$, Juli 28 $17^m$, Juli 30 $17^m$, Aug. 3 $10^m$; 1941 Sept. 15 $17^m$, Sept. 21 $17^m$, Sept. 22 $15^m$, Sept. 23 $17^m$, Okt. 12 $15^m$. Die Beobachtungen sind schwer zu deuten: Periode etwa 2 Tage oder RW Aur-Typus? Im Normallicht kaum Änderungen.
66. Ziemlich rascher Lichtwechsel, gelb, wahrscheinlich $\delta$ Cephei-Stern.
67. BD $+54^\circ$ 252 ($9^m_.3$). Rot, lange flache Wellen mit Stillständen, kleine Amplitude.
68. Rot.
69. Gelb, geringe Amplitude.
70. Gelb, wahrscheinlich $\delta$ Cephei-Stern.
71. Rot.
72. Maxima: 1941 Sept. 15, Nov. 14, 1942 Jan. 13; Intervall je $60^d$; das erste Maximum ist relativ lang, der Veränderliche erreicht die 16. Größe im Abstieg am 23. September. Stern $15^m_.5$ nördlich vorausgehend.
73. Schwierig wegen kleiner Amplitude, aber wahrscheinlich reell; leicht gefärbt.
74. BD $+62^\circ$ 265 ($9^m_.4$).
75. Nicht merklich gefärbt, RR Lyrae-Art möglich.
76. Tiefrot, lange Minima, wahrscheinlich unregelmäßig.
77. Rot.
78. BD $+54^\circ$ 356 ($9^m_.4$).
79. Obgleich der stark gefärbte Stern schwierig zu beobachten ist, kann die Veränderlichkeit nicht zweifelhaft sein.
80. Schwierig, aber Minima nicht selten.
81. Dicht südlich eines Sterns $12^m$.
82. Wahrscheinlich Mira-Art.
83. BD $+43^\circ$ 1020 ($9^m_.5$).
84. Bedeckungslichtwechsel möglich; 10′ südlich von RX Aur.
85. Gelb, wahrscheinlich $\delta$ Cephei-Stern.
86. Gelb oder rötlich.
87. Wahrscheinlich RW Aurigae-ähnlich; lange Stillstände im mittleren Licht; nahe bei 43.1939 Ori und am Rande desselben Nebels. Der Nebel befindet sich innerhalb einer Dunkelwolke.
88. R CrB-artiges Minimum im Oktober 1943. In derselben Wolke wie 43.1939 und S 3919.
89. Nahe dem Rande der Wolke bei 43.1939, aber offenbar von anderem Typus als die Veränderlichen innerhalb der Wolke; anscheinend kurze Erhellungen.
90. Südlich folgendes Glied eines Paares.
91. Kleine Amplitude, Minima sehr selten; Entdekkungsminimum 2431003.57; augenscheinlich bestätigt durch eine Tripletplatte 2431443.44.
92. Macht zunächst einen Algol-ähnlichen Eindruck, ist aber zu unruhig.
93. Rötlich.
94. Wahrscheinlich Bedeckungsstern.
95. BD $+18^\circ$ 867 ($9^m_.0$) = HD 36231 Sp. Mb.
96. Gelb, enges Paar.
97. Stern $17^m$ dicht nördlich vorausgehend.
98. Gelb.
99. BD $+24^\circ$ 873 ($8^m_.3$) = HD 36910 Sp. F5.
100. Min. = 2426248.74 + $8^d_.34326 \cdot E$.
101. Min. = 2426224.55 + $0^d_.6100525 \cdot E$.
102. Min. = 2425984.363 + $0^d_.947236 \cdot E$.
103. Zeitweise ähnlich U Geminorum.
104. Gelb.
105. Min. = 2426004.35 + $0^d_.681346 \cdot E$.
106. Gelb oder rötlich.
107. Min. = 2425996.2 + $32^d_.6379 \cdot E$.
108. BD $+27^\circ$ 934 ($9^m_.5$).
109. Max. = 2426346 + $213^d \cdot E$.
110. Min. = 2431446.52 + $0^d_.7133 \cdot E$ versuchsweise.
111. Zeitweise ist eine Periode von $9^d_.1150$ angedeutet; der Stern hat einige Ähnlichkeit mit CE Cas.
112. $P = 7^d_.17/n$, $n$ wahrscheinlich 1 oder 3.
113. Tiefgelb.
114. Max. = 2426054 + $349^d \cdot E$.
115. $\text{Min.}_1$ = 2426297.507 + $1^d_.207857 \cdot E$.
116. Wahrscheinlich Bedeckungsstern.
117. Schwierig, wahrscheinlich W UMa-Stern mit sehr kurzer Periode.
118. Maxima offenbar selten; nicht weit von dem U Geminorum-Stern CZ Ori.
119. Rasche Veränderungen.
120. Raschwechselnd, nahe bei 4.1934 Gem. Auf der Karte AN **251** Tafel 7 hat der Stern, bezogen auf die Mitte, die Koordinaten 5.8 mm links und 3.1 mm tiefer. Stern $10^m$ südlich vorausgehend.
121. Kleine Amplitude, rötlich.
122. Rot.
123. Rötlich.
124. Minima nicht selten.
125. Rot; Stern $12^m$ nördlich folgend.

126. Stark gefärbt.
127. Rot.
128. Raschwechselnd, wahrscheinlich Bedeckungsstern.
129. Rötlich.
130. Raschwechselnd.
131. Rötlich, vielleicht langperiodisch.
132. Rötlich.
133. Untergruppe RRa.
134. Kleine Amplitude, RRc- oder W UMa-Stern.
135. Vielleicht Bedeckungsstern.
136. Wahrscheinlich RR Lyrae-Stern mit großer Amplitude.
137. RR Lyrae-Art?
138. BD +1° 1506 ($9^m.0$).
139. BD +0° 1689 ($9^m.4$).
140. Kleine Amplitude, aber sicher.
141. BD +14° 1350 ($9^m.4$); Lichtwechsel offenbar langsam mit langen Stillständen bei etwa $12^m$.
142. Auf den meisten Platten schwach.
143. Meist schwach; Maximum gegen Ende Oktober 1943; einer von WOLFS Veränderlichen bei S Monocerotis (NGC 2264).
144. Lichtwechsel offenbar langsam; dieser Stern ist nicht WOLFS 16.1924 (AN **221**.379).
145. Auf den meisten Platten hell, scheint gut ausgebildete Minima ähnlich R CrB zu zeigen.
146. Lange Stillstände im hellen Licht, aber manchmal auch verhältnismäßig lange Minima.
147. Meist schwach, scheint kurze Aufhellungen zu haben.
148. Wahrscheinlich ähnlich R CrB.
149. Kleine Amplitude.
150. Wahrscheinlich RR Lyrae-Art.
151. Meist schwach.
152. Schwierig.
153. Wahrscheinlich Bedeckungsstern.
154. BD −4° 1617 ($9^m.5$). Wahrscheinlich rot. Stern $12^m.5$ dicht folgend.
155. Wahrscheinlich langperiodisch
156. Der Stern zeigt auf 4 Platten, 1943 Febr. 28, eine kleine, aber sichere Verminderung seiner Helligkeit.
157. Wahrscheinlich RRc-Stern.
158. Nahe bei TX Monocerotis.
159. Die Teilreihe von 1943 zeigt häufige, jene von 1940 keine Minima; RW Aurigae-Art ist nicht ausgeschlossen.
160. $n \cdot P$ = etwa $1^d$.
161. Entdeckt von LEAVITT; kleine Amplitude.
162. Wahrscheinlich W UMa-Art; südliches Glied eines Paares.
163. Untergruppe RRa.
164. Untergruppe RRa.
165. Nahe bei AI Monocerotis; östlicher Stern eines Dreiecks.
166. Sehr kleine Amplitude, könnte ein W UMa-Stern sein.
167. Raschwechselnd, unentschieden, ob RRc- oder W UMa-Typus.
168. Raschwechselnd, aber eher Algol- als W UMa-Typus.
169. Trotz seiner Lichtschwäche ist der Stern als sicher veränderlich anzusehen.
170. Stern $10^m.5$ dicht südlich.
171. Stern $14^m$ dicht folgend.
172. Wahrscheinlich langperiodisch.
173. Raschwechselnd.
174. Häufig im Minimum.
175. Dicht nördlich von BD +19° 1919 ($7^m.0$); Amplitude überraschend groß, Bedeckungscharakter ziemlich unwahrscheinlich.
176. Bedeckungsstern?
177. Vielleicht Bedeckungsstern.
178. Etwas schwierig.
179. Südlich folgend auf BD −10° 2100 ($8^m.8$).
180. BD −15° 1953 ($9^m.8$); rot.
181. Im Außenbezirk des Sternhaufens M 46.
182. Am Rande des Sternhaufens M 46; Minima nicht selten; Stern $13^m$ nördlich folgend.
183. BD −13° 2253 ($10^m$); rot.
184. Wahrscheinlich raschwechselnd.
185. Sehr nahe dem Plattenrand.
186. CPD −19° 2884 ($9^m.9$).
187. Kurzperiodischer Lichtwechsel nicht ausgeschlossen.
188. Typus zweifelhaft, möglicherweise Bedeckungsstern.
189. Geringe Amplitude, Bestätigung erforderlich.
190. CoD −26° 5111 ($10^m$).
191. CoD −28° 5095 ($8^m.9$).
192. Langperiodisch?
193. CoD −28° 5221 ($9^m.2$); wahrscheinlich $\delta$ Cephei-Stern.
194. Wahrscheinlich RR Lyrae-Stern, aber $\delta$ Cephei-Art nicht ausgeschlossen.
195. Möglicherweise Algol-Art; Anzahl der Platten zu gering.
196. Langperiodisch?
197. Art noch sehr zweifelhaft.
198. Langperiodisch?
199. Entdeckt von LUYTEN.
200. Bedeckungslichtwechsel ist möglich.
201. Schwierig, nahe Plattenrand.
202. Mittellange Periode ist möglich.
203. Meist schwach, augenscheinlich RR Lyrae-Art.
204. Schwierig, aber offenbar sicher.
205. Dicht nordwestlich von BD +21° 3107 ($8^m.7$).
206. Stern $14^m$ nördlich vorausgehend.
207. Wahrscheinlich RR Lyrae-Art.
208. BD +25° 3286 ($9^m.5$)?
209. Stern $15^m.5$ dicht vorausgehend.
210. Rötlich.
211. Bedeckungslichtwechsel möglich.
212. Enger Begleiter $10^m$ nördlich folgend.
213. Schwierig, nahe dem Plattenrand.
214. BD +30° 3029 ($9^m.5$).
215. Vielleicht W UMa-Typus.
216. Raschwechselnd, W UMa-Typus etwas wahrscheinlicher als RRc-Typus.
217. Untergruppe RRa.
218. RR Lyrae-Typus?
219. Geringe Amplitude, wahrscheinlich RR Lyrae-Typus, Untergruppe c.
220. Wahrscheinlich RR Lyrae-Typus.
221. RR Lyrae-Typus? Stern $10^m$ dicht nördlich folgend.
222. Rötlich; mittellange Periode ist möglich.
223. Gelb; mittellange Periode ist möglich.
224. Untergruppe RRa; Stern $14^m$ südlich folgend.
225. Wahrscheinlich RR Lyrae-Art.
226. Untergruppe RRa.
227. Untergruppe RRa.
228. Wahrscheinlich RR Lyrae-Typus.
229. Untergruppe RRa.
230. Stern $10^m.5$ $0'.5$ südlich vorausgehend.
231. Wahrscheinlich RR Lyrae-Art.
232. RR Lyrae-Typus?
233. Untergruppe RRa.
234. Raschwechselnd, wahrscheinlich RRc-Stern.

235. Nicht raschwechselnd, wahrscheinlich $\delta$ Cephei-Stern.
236. Schwierig, Prüfung erforderlich.
237. Untergruppe RRa.
238. Schwierig, sehr kleine Amplitude.
239. Wahrscheinlich RR Lyrae-Stern, Untergruppe c.
240. Könnte ein Mira-Stern sein.
241. RR Lyrae-Art?
242. Langperiodisch?
243. Vielleicht Mira-Stern.
244. Der sehr geringe Lichtwechsel scheint sicher; entweder RRc-Stern oder RW Aurigae-ähnlich.
245. Geringer Lichtwechsel; wahrscheinlich RR Lyrae-Stern, Untergruppe c.
246. Wahrscheinlich RR Lyrae-Art.
247. Untergruppe RRa.
248. Untergruppe RRa.
249. Untergruppe RRa.
250. Algol-Art nicht ausgeschlossen; keine Entscheidung wegen ungünstiger Verteilung der Platten.
251. Untergruppe RRa.
252. Rascher Lichtwechsel kommt vor, doch konnte die Art noch nicht ermittelt werden.
253. Stern $13^m$ nördlich folgend.
254. Zeitweilig sehr rasche Änderungen großer Amplitude; Stillstände im kleinsten Licht.
255. Untergruppe RRc.
256. Raschwechselnd, wahrscheinlich Bedeckungsstern.
257. 70.1942 = V 558 Oph, $P = 2^d\!.89522$.
258. 71.1942 = V 568 Oph.
259. 72.1942 = V 569 Oph, $P = 161^d$.
260. 73.1942 = V 571 Oph, $P = 343^d$, dicht bei AU Oph.
261. 74.1942 = V 572 Oph, $P = 2^d\!.43056$.
262. 75.1942 = V 573 Oph, $P = 4^d\!.35228$.
263. UV Bootis-Stern.
264. BD +31° 3130 ($9^m\!.3$).
265. RV Tauri-ähnlich.
266. $P = 0^d\!.611101$, Typus RRa.
267. $P = 0^d\!.481788$, Stern $17^m$ geht dicht voraus.
268. Der Veränderliche ist der südlich folgende schwächere Stern eines engen Paares.
269. $P = 149^d\!.6$.
270. Seltene Abweichungen von einem mittleren Licht.
271. Nur eine einzige Erhellung, 1941 Sept. 20 bis 24, ist nachgewiesen; Stern $16^m\!.5$ dicht vorausgehend.
272. Erhellungen 1939 April 19—20—21, 1941 Juni 17 bis 24; Stern $16^m$ folgt dicht südlich, Stern $17^m\!.5$ steht sehr dicht nördlich.
273. $P = 0^d\!.550564$, Typus RRa.
274. $P = 0^d\!.533652$, Typus RRa.
275. Stern $15^m$ wenig nördlich.
276. Nahe bei TX Lyrae.
277. Geringe Amplitude.
278. Vielleicht rot.
279. $P = 0^d\!.412315$, Typus RRa.
280. $P = 0^d\!.377620$, Typus RRa.
281. $P = 0^d\!.545585$, Typus RRb.
282. $P = 7^d\!.63038$. Der geringen Helligkeit des Sterns würde eine Entfernung von 33000 Parsec entsprechen.
283. Südlich vorausgehender Stern eines engen Paares.
284. Dicht nordöstlich von BD +40° 3411 ($6^m\!.6$), der die Beobachtung erschwert. $P = 0^d\!.4409063$.
285. $P = 1^d\!.611143$.
286. $P = 0^d\!.483624$, Typus RRb.
287. Wahrscheinlich RR Lyrae-Art.
288. Wahrscheinlich Bedeckungsstern.
289. Rot.
290. Untergruppe RRa.
291. Mittellange Periode möglich.
292. Stern $15^m\!.5$ dicht südlich folgend.
293. Kurze Periode möglich, aber wahrscheinlich nicht raschwechselnd. Nordöstliches Glied engen Paares.
294. Untergruppe RRa; nahe bei V 591 Oph; Begleiter $15^m\!.5$ südlich vorausgehend.
295. Unbestätigt.
296. Anscheinend nicht raschwechselnd; Periode vielleicht mehrere Tage, aber auch RW Aurigae-Typus mit noch größerer Amplitude möglich.
297. Wahrscheinlich $\delta$ Cephei-Stern.
298. Wahrscheinlich Bedeckungsstern.
299. Wahrscheinlich $\delta$ Cephei-Stern.
300. Ziemlich sicher W UMa-Typus.
301. Wahrscheinlich RR Lyrae-Stern, Untergruppe a; nahe bei V 616 Oph.
302. Nahe bei V 616 Oph.
303. Wahrscheinlich RR Lyrae-Stern.
304. BD +6° 3849 ($9^m\!.5$)? Zeitweilig starke Änderungen innerhalb weniger Tage, aber anscheinend kein sehr rascher Lichtwechsel.
305. Vielleicht langperiodisch.
306. Wahrscheinlich Bedeckungsstern.
307. Vielleicht langperiodisch, etwas schwierig; Stern $17^m$ sehr dicht vorausgehend.
308. Nahe bei V 655 Oph.
309. Veränderlichkeit scheint sicher, Typus zweifelhaft.
310. Stern $12^m\!.5$ $0'\!.4$ nördlich.
311. Unbestätigt, aber augenscheinlich sicher; Stern $15^m\!.5$ dicht nördlich.
312. Stern $16^m\!.5$ nahe vorausgehend.
313. Stern $16^m$ südlich folgend.
314. Untergruppe RRa.
315. Schwierig.
316. Nahe bei V 675 Oph.
317. Anscheinend nicht raschwechselnd.
318. Raschwechselnd, kleine Amplitude, wahrscheinlich W UMa-Stern.
319. Stern $17^m\!.5$ dicht folgend.
320. RR Lyrae-Art möglich.
321. Wahrscheinlich RR Lyrae-Art.
322. Stark gefärbt; der Veränderliche ist augenscheinlich BD +5° 3950 ($9^m\!.5$), wenn diese Nummer nicht etwa einem dicht nördlich stehenden Stern $11^m$ zuzuschreiben ist.
323. Bedeckungslichtwechsel scheint gesichert.
324. Schwierig; nahe bei V 474 Oph.
325. Sehr naher Begleiter $16^m\!.5$ nördlich folgend.
326. Rot.
327. Untergruppe RRc.
328. Nahe bei LO Her.
329. Rot; Stern $11^m\!.5$ nahe südlich.
330. Nicht raschwechselnd.
331. $\delta$ Cephei-Art?
332. Dieser Stern könnte zu der Untergruppe entsprechend CN Orionis gehören.
333. Anscheinend nicht raschwechselnd.
334. Wahrscheinlich Untergruppe RRc.
335. Minima nicht selten.
336. Wahrscheinlich $\delta$ Cephei-Stern.
337. Stern $16^m$ dicht südlich vorausgehend, Stern $16^m$ südlich folgend.
338. Stern $16^m\!.5$ nahe südlich vorausgehend.

339. Vielleicht $\delta$ Cephei-Stern.
340. Wahrscheinlich langperiodisch.
341. Stern $14^{\mathrm{m}}$ nördlich folgend.
342. Im hellen Licht beobachtet 1943 Okt. 29 und 31.
343. Veränderlichkeit sicher, Typus zweifelhaft.
344. Vielleicht RW Aurigae-Art.
345. Wahrscheinlich RR Lyrae-Typus.
346. Rot.
347. Keine Entscheidung, ob $\delta$ Cephei- oder RR Lyrae-Typus.
348. Hell auf Platten vom Oktober 1943.
349. Hell 1943 Okt. 29 und 31.
350. Typus unbekannt.
351. Typus unbestimmt, vielleicht CN Orionis-Stern.
352. Wahrscheinlich $\delta$ Cephei-Stern.
353. BD $+52^{\circ}2540$ ($8^{\mathrm{m}}.5$); nicht im HD-Katalog; rot.
354. Rötlich.
355. Stern $12^{\mathrm{m}}$ südlich folgend.
356. Raschwechselnd, wahrscheinlich RR Lyrae-Art.
357. Typus etwas zweifelhaft, RR Lyrae?
358. Untergruppe RRa.
359. Untergruppe RRa.
360. Wahrscheinlich raschwechselnd.
361. Wahrscheinlich Untergruppe RRc.
362. Wahrscheinlich RR Lyrae-Stern.
363. Untergruppe RRa.
364. Untergruppe RRc?
365. Offenbar RR Lyrae-Stern.
366. RR Lyrae-Stern?
367. Raschwechselnd, wahrscheinlich RR Lyrae-Stern.
368. Untergruppe RRa.
369. Wahrscheinlich Untergruppe RRc.
370. Raschwechselnd, wahrscheinlich RR Lyrae-Typus.
371. RR Lyrae-Stern?
372. Offenbar RR Lyrae-Stern.
373. Bedeckungsveränderlicher? Schwach gefärbt.
374. Rötlich.
375. Geringe Amplitude.
376. Stern $13^{\mathrm{m}}$ nördlich vorausgehend.
377. Rötlich.
378. Begleiter $15^{\mathrm{m}}.5$ dicht nördlich.
379. Anscheinend raschwechselnder Bedeckungsstern.
380. Augenscheinlich RRc-Stern.
381. Untergruppe RRa.
382. Wahrscheinlich Untergruppe RRa.
383. Häufige Minima, augenscheinlich raschwechselnder $\beta$ Lyrae-Stern.
384. RRc-Stern mit sehr kleiner Amplitude.
385. Wahrscheinlich RRc-Stern.
386. Untergruppe RRa; nahe bei ZZ Del.
387. Obgleich der Stern Veränderungen innerhalb einiger Stunden zeigt, darf er kaum als raschwechselnd im eigentlichen Sinne angesehen werden.
388. Stern $16^{\mathrm{m}}$ dicht vorausgehend.
389. Untergruppe RRa.
390. Wahrscheinlich Untergruppe RRa.
391. Wahrscheinlich Untergruppe RRc.
392. Wahrscheinlich RRc-Stern.
393. Untergruppe RRa.
394. Wahrscheinlich RRc-Stern.
395. Wahrscheinlich Untergruppe RRa.
396. Untergruppe RRa.
397. Min. $= 2425527.30 + 0^{\mathrm{d}}.452450 \cdot E$, wahrscheinlich Algol-Stern.
398. Zwischenzeit der Erhellungen etwa $30^{\mathrm{d}}$ mit großen Unregelmäßigkeiten; ähnlich SS Cygni.
399. Max. $= 2427336 + 413^{\mathrm{d}} \cdot E$.
400. Starker Lichtwechsel während der ganzen Beobachtungszeit.
401. Beobachtung durch einen vorausgehenden Stern $14^{\mathrm{m}}$ gestört; Typus unbekannt.
402. Min. $= 2428460.30 + 4^{\mathrm{d}}.01557 \cdot E$.
403. $P = 3^{\mathrm{d}}.77877$ versuchsweise.
404. Min. $= 2428775.45 + 2^{\mathrm{d}}.42483 \cdot E$.
405. Typischer RW Aurigae-Stern, nicht merklich gefärbt.
406. Nicht merklich gefärbt; wahrscheinlich ähnlich DG Aurigae.
407. Veränderungen im allgemeinen nicht sehr lebhaft; der Stern steht in einer dunklen Bucht des Nordamerika-Nebels.
408. Dieser Stern bildet ein seltsames Paar mit dem folgenden Stern S 4534, indem beide Veränderliche meist gleichzeitig hell werden; in Anbetracht der großen Amplitude ist ein photographischer Effekt kaum anzunehmen; nicht merklich gefärbt.
409. Rötlich; Beobachtung schwierig wegen enger Nachbarn; Periode von $378^{\mathrm{d}}$ ist angedeutet.
410. Min. $= 2427951.49 + 3^{\mathrm{d}}.53372 \cdot E$.
411. Min. $= 2428315.44 + 1^{\mathrm{d}}.233466 \cdot E$.
412. Max. $= 2428200 + 335^{\mathrm{d}} \cdot E$.
413. Periode von $50^{\mathrm{d}}.861$ ist angedeutet, Minima in Gruppen.
414. RW Aurigae-ähnlich? Kleine Amplitude.
415. BD $+43^{\circ}$ 3827 ($9^{\mathrm{m}}.5$), anscheinend rot.
416. Anscheinend gelber $\delta$ Cephei- oder $\zeta$ Geminorum-Stern.
417. Noch keine sichere Bestätigung; südlich folgender Stern $13^{\mathrm{m}}.5$ stört die Beobachtung.
418. BD $+45^{\circ}$ 3485 ($9^{\mathrm{m}}.4$); der rote Stern zeigt sehr langsamen und geringen Lichtwechsel, allgemein eine Abnahme der Helligkeit von 1938 bis 1943.
419. Stern $14^{\mathrm{m}}$ dicht nördlich vorausgehend.
420. Veränderlichkeit noch nicht ganz sicher.
421. Geringe Amplitude, wahrscheinlich $\delta$ Cephei-Stern.
422. $\delta$ Cephei-Stern?
423. Maxima 1938 Juli 22 bis 28, 1939 Aug. 25 bis Sept. 7, 1942 März 26, 1945 Nov. 11.
424. Maxima 1938 Dez. 11, 1939 Nov. 3, 1940 Juni 13 (?).
425. Lange Stillstände im größten und im kleinsten Licht.
426. Periode 700 bis 800 Tage?
427. Langperiodisch?
428. Südwestliches Glied eines engen Paares.
429. Minima anscheinend sehr selten.
430. Stern $14^{\mathrm{m}}$ folgend.
431. Der Stern ist auf zwei Platten, 1939 Aug. 25 und Sept. 7, etwa $1^{\mathrm{m}}$ heller als normal; andere Platten zwischen 1938 und 1943 zeigen nur sehr geringen Lichtwechsel; anscheinend weißer Unregelmäßiger.
432. Nur 1 Minimum auf 18 Platten.
433. Nördlicher Stern eines Paares.
434. Stern $10^{\mathrm{m}}$ südlich vorausgehend.
435. Lange Stillstände.
436. Periode etwa 11 Monate.
437. Ein Minimum auf 20 Platten.
438. Nahe bei XX Lacertae.
439. Minima augenscheinlich selten.
440. Steht auf den Platten innerhalb der Coma eines Sterns $10^{\mathrm{m}}$.
441. Stern $17^{\mathrm{m}}$ dicht südlich vorausgehend.
442. Schwierig, Prüfung erforderlich.
443. Schwierig wegen kleiner Amplitude.
444. Stern $10^{\mathrm{m}}.5$ südlich vorausgehend.
445. Wahrscheinlich langperiodisch.

446. BD +60° 2432 · ($8^m.9$), verdächtigt von ESPIN (AN **145**.327).
447. Raschwechselnd; W UMa-Typus?
448. Bedeckungslichtwechsel möglich, aber Normallicht anscheinend nicht konstant.
449. Stern $14^m$ nördlich folgend.
450. Kleine Amplitude, jedoch sicher.
451. Wahrscheinlich tiefrot; neben langsamem Lichtwechsel kommen einige plötzliche Zunahmen der Helligkeit vor, die auf Verwandtschaft mit dem RW Aurigae-Typus hindeuten.
452. Veränderlichkeit vom Verfasser angezeigt (AN **229**.178), aber später für zweifelhaft gehalten (AN **232**.166); die Platten des 400 mm-Astrographen bestätigen die Veränderlichkeit und weisen auf Mira-Art hin.
453. Sichtbar auf folgenden Platten: 1938 Okt. 15, 1941 Juni 27 bis Juli 2, 1941 Sept. 24, 1942 Aug 10, 1944 Aug. 23; Stern $13^m$ dicht südlich.
454. Der Veränderliche steht zwischen zwei Sternen $13^m$.
455. Stern $16^m$ dicht südlich vorausgehend.
456. Der Veränderliche steht etwas nördlich von zwei Sternen $14^m.5$.
457. Der Veränderliche gehört wahrscheinlich zu der Untergruppe mit kurzen Intervallen; man findet ihn relativ oft im hellen Licht; Stern $14^m$ dicht südlich vorausgehend.
458. Minima selten.
459. Die Verteilung der Beobachtungen nach Helligkeit weist auf RR Lyrae-Typus hin.
460. Stern $16^m$ dicht folgend.
461. Die Erscheinungen sind selten; beobachtete Maxima 1940 Nov. 27, 1943 Sept. 10 bis 12; nahe am Ort ein Stern $16^m$, der Veränderliche anscheinend dicht nordöstlich davon; das Paar ist auch auf den besten Platten nicht sauber getrennt.
462. Anscheinend nicht stark gefärbt.
463. Sehr kleine Amplitude, lange Stillstände.
464. Bedeckungslichtwechsel ist möglich.
465. Bedeckungslichtwechsel ist möglich.
466. BD +57° 2750 ($9^m.5$).
467. Bedeckungslichtwechsel möglich; Stern $10^m$ südlich folgend.
468. Sichere Minima nur 1944 Sept. 12 und 18, hell Sept. 10.
469. In Anbetracht der großen Amplitude kann kurzperiodischer Lichtwechsel kaum angenommen werden; der Stern steht in einer verdunkelten Gegend.
470. Minima selten.
471. Rascher Lichtwechsel möglich, Periode wahrscheinlich nicht länger als einige Tage.
472. Vergleiche AN **253**.222.
473. Schwierig, kleine Amplitude.
474. Sehr geringe Amplitude; der Veränderliche ähnelt zunächst einem Algol-Stern, doch scheinen die Minima eine Anzahl Tage zu dauern.
475. Nicht raschwechselnd, wahrscheinlich $\delta$ Cephei-Typus.
476. Raschwechselnd; W UMa- oder RR Lyrae-Typus.
477. Sehr geringer und wahrscheinlich unregelmäßiger Lichtwechsel.
478. Raschwechselnd; W UMa- oder RRc-Typus.
479. Kleine Amplitude; Stern $12^m$ folgt wenig südlich.
480. Wahrscheinlich raschwechselnd.
481. Wahrscheinlich W UMa-Typus.
482. Wahrscheinlich raschwechselnd; schwierig wegen kleiner Amplitude.
483. BD +59° 22 ($9^m.5$); schwierig, kleine Amplitude.
484. Vorausgehender Stern eines engen Paares.
485. Stern 15.5 dicht nördlich folgend.
486. Keine sehr raschen Veränderungen, öfter schwach als hell; vielleicht RW Aurigae-ähnlich.
487. Nicht raschwechselnd; wahrscheinlich normaler $\delta$ Cephei-Stern.
488. BD +53° 66 ($9^m.3$), rot.
489. Kleine Amplitude, aber sicher.
490. Raschwechselnd.
491. Wahrscheinlich unregelmäßiger Lichtwechsel mit langen Stillständen.
492. Augenscheinlich $\delta$ Cephei-Stern.
493. Wahrscheinlich typischer $\delta$ Cephei-Stern.
494. Wahrscheinlich W UMa-Typus.
495. 78.1942 = DT Cas, $P = 4^d.79032$.
496. 79.1942 = DU Cas, $P = 396^d$.
497. 80.1942 = EI Cas, $P = 1^d.68906$.
498. 81.1942 = EL Cas, $P = 5^d.28250$.
499. 82.1942 = FH Cas, $P = 210^d$.
500. 83.1942 = FU Cas.
501. 84.1942 = FV Cas, $P = 3^d.06673$.

## DRITTER TEIL

502. Wahrscheinlich Bedeckungsstern.
503. Langperiodischer Lichtwechsel möglich; offenbar rot.
504. HD 3430 Sp. Ma; manchmal scheinen ziemlich rasche Lichtänderungen vorzukommen.
505. Wahrscheinlich RR Lyrae-Art.
506. Augenscheinlich rot.
507. Minima sehr selten; HD 8684 Sp. F8.
508. RR Lyrae-Typus?
509. Wahrscheinlich langperiodisch.
510. Schwierig, dürfte aber sicher sein.
511. HD 24909 Sp. B9.
512. Wahrscheinlich RR Lyrae-Typus.
513. HD 47648 Sp. Mb.
514. Schwierig, aber wahrscheinlich sicher.
515. Minima selten.
516. Wahrscheinlich Bedeckungsstern.
517. HD 62668 Sp. Ko.
518. HD 66175 Sp. Mb.
519. HD 67008 Sp. F2.
520. HD 67390 Sp. F2; vielleicht Bedeckungsstern.
521. Sehr kleine Amplitude, aber sicher.
522. Minima sehr selten.
523. HD 81741 Sp. Mb.
524. HD 84034 Sp. Ma.
525. Nicht im HD-Katalog, offenbar rot.
526. Nicht im HD-Katalog, offenbar rot.
527. Schwierig, Prüfung erforderlich; Stern $12^m.5$ dicht südlich vorausgehend.
528. Schwierig, sehr schwach; südlicher Stern eines Paares.
529. Minima selten.
530. Schwierig; nicht im HD-Katalog.
531. HD 151056 Sp. Ma.
532. Nicht im HD-Katalog.
533. HD 163990 Sp. Mb = Pr 1378; lichtelektrisch beobachtet von STEBBINS und HUFFER mit einer Amplitude von $0^m.36$.
534. Kleine Amplitude.
535. Wahrscheinlich Bedeckungsstern.
536. Minima selten.
537. Offenbar rot; nicht im HD-Katalog.
538. Wahrscheinlich Bedeckungsstern.
539. Vielleicht RR Lyrae-Typus.

## VIERTER TEIL

540. Am Südwestrand der Kleinen Magellanschen Wolke.
541. Wahrscheinlich RR Lyrae-Art.
542. Wahrscheinlich RR Lyrae-Art.
543. Schwierig, kleine Amplitude; HD 9283 Sp. F8.
544. Merklich gefärbt, wahrscheinlich δ Cephei-Stern.
545. R CrB-Art kommt in Betracht.
546. Wahrscheinlich RR Lyrae-Typus.
547. Sehr schwach, daher Bestätigung erforderlich.
548. HD 22364 Sp. Ao.
549. HD 24308 Sp. Ko.
550. Sichtbar auf Johannesburger Karte $-76°$ Nr. 8, unsichtbar auf $-76°$ Nr. 10.
551. Minima selten.
552. Bisher nur 1 Minimum beobachtet, Bestätigung erwünscht.
553. RR Lyrae-Stern?
554. Maximum gegen Mitte November 1937.
555. Schwach gefärbt.
556. Möglicherweise langperiodisch; CoD hat am Ort zwei Sterne, die auch sichtbar, aber nicht getrennt sind auf Joh. Karte $-52°$ Nr. 22, CoD $-49°$ 1726 ($9^m.7$) und 1727 ($9^m.7$); es ist unentschieden, welcher der beiden Sterne der Veränderliche ist, die große Amplitude des vereinigten Lichts deutet auf Miracharakter hin.
557. Nur 1 Minimum; Prüfung erforderlich.
558. Hell auf Joh. Karte $-40°$ Nr. 30.
559. Im Grenzgebiet der Großen Magellanschen Wolke.
560. Nur 1 Maximum gegen 1937 Nov. 23 ($10^m$), dagegen Nov. 11 noch schwächer als $13^m$.
561. Merklich gefärbt.
562. Rot.
563. Nur 1 Maximum beobachtet.
564. Hell auf Joh. Karte $-64°$ Nr. 22.
565. Wahrscheinlich Bedeckungsstern.
566. Hell auf Joh. Karte $-46°$ Nr. 34.
567. HD 46919 Sp. Ao.
568. Rot; kleine Amplitude.
569. HD 55934 Sp. Ma.
570. Identifizierung mit CoD schwierig an dieser Stelle.
571. Rötlich; lange oder mittellange Periode wahrscheinlich.
572. Gelb.
573. Rötlich.
574. Im Normallicht auf Joh. Karte $-46°$ Nr. 38, schwach auf $-46°$ Nr. 40.
575. RR Lyrae-Art?
576. Minima selten.
577. Geringe Amplitude, jedoch sicher.
578. Maximum 1937 Nov. 14, schwach sichtbar 1937 Dez. 31.
579. Hell auf Joh. Karten $-34°$ Nr. 50 und $-28°$ Nr. 50.
580. Wahrscheinlich Bedeckungsstern.
581. Rot.
582. HD 73341 Sp. Mb; bisher nur sehr geringer Lichtwechsel beobachtet.
583. Hell nur auf 1 Platte 1938 Febr. 3, unsichtbar Jan. 31; wahrscheinlich identisch mit 715.1935, dessen Ort nach LUYTEN $0^m.25$ östlich und 1′ nördlich des hier gegebenen Ortes ist; jedoch steht der angezeigte Stern nach Joh. Karte $-40°$ Nr. 46 sicher westlich von $8^h 54^m$.
584. Wenig nördlich von CoD $-35°$ 5317 ($9^m.6$).
585. HD 77756 Sp. B9
586. Vielleicht Bedeckungsstern.
587. Schwierig wegen kleiner Amplitude.
588. Rot.
589. HD 85008 Sp. Mb.
590. Rot.
591. Wahrscheinlich Bedeckungsstern.
592. Stern $11^m.5$ folgt $6^s$.
593. CoD hat Dekl. 56′.8, was mit Joh. Karte $-34°$ Nr. 62 weniger gut übereinstimmt.
594. Dicht folgend auf CoD $-37°$ 6538 ($9^m.7$).
595. Noch unbestätigt.
596. Enges Paar; wahrscheinlich ist der südlich vorausgehende Stern veränderlich.
597. HD 94096 Sp. Ma.
598. Minima sehr selten; das Entdeckungsminimum ist auf 2 Platten beobachtet: 2428896.534 und 8896.591; zwei weitere nicht ganz sichere Minima 8687.243 und 8875.604; zahlreiche Platten geprüft.
599. Kleine Amplitude.
600. Rötlich.
601. Merklich gefärbt; kleine Amplitude.
602. Nicht merklich gefärbt; nur wenige Platten.
603. Rötlich; mittellange Periode ist möglich.
604. HD 102545 Sp. B9.
605. Vielleicht Bedeckungsstern.
606. Genäherte Elemente Max. = 2428675 + $220^d \cdot E$.
607. Langperiodisch oder R CrB-Typus?
608. Rot.
609. Rötlich.
610. HD 112669 Sp. Go, nach anderer Platte F8.
611. Periode etwa $260^d$; vielleicht identisch mit LUYTENS Stern 202.1933 Cen.
612. Nicht stark gefärbt.
613. Rot.
614. HD 118695 Sp. A5.
615. Wahrscheinlich RR Lyrae-Typus.
616. HD 121578 Sp. Mb.
617. Schwierig und nicht ganz sicher wegen sehr kleiner Amplitude.
618. Nicht stark gefärbt.
619. Offenbar Stillstand im kleinsten Licht.
620. HD 124784 Sp. Go.
621. RR Lyrae-Typus?
622. Der nahe Nachbarstern CoD $-29°$ 11051 ($10^m$) erschwert die Beobachtung; der südlich folgende hellere Stern CoD $-29°$ 11056 = Zi 1067, der von KAPTEYN verdächtigt ist, zeigt keinen Lichtwechsel.
623. Minima von mehrtägiger Dauer; langperiodischer Bedeckungslichtwechsel nicht ausgeschlossen.
624. Wahrscheinlich Bedeckungsstern.
625. Zu schwach, aber wahrscheinlich in Ordnung.
626. Unverändert hell von Mai bis Sept. 1937, unsichtbar im Januar und Anfang Februar 1938; vielleicht R CrB-Art.
627. Maximum Ende August 1937.
628. Sichtbar nur auf zwei Platten 1937 Juni 27 und 28, unsichtbar auf Platten von der ersten Junihälfte und Juli 2.
629. Rötlich.
630. Rötlich; sollte dem Ort nach identisch sein mit 463.1933 TrA, aber LUYTEN gibt für letzteren die Grenzgrößen $13^m.0$ und $18^m$; Joh. Karte zeigt nur 1 Stern am Ort.
631. HD 140145 Sp. Mb.
632. Etwa 3′.5 entfernt von dem Veränderlichen 57.1914 Lib, angezeigt von LAMPLAND, aber Identität sehr unwahrscheinlich.
633. Schwierig, aber zwei augenscheinlich sichere Minima beobachtet.

634. δ Cephei-Art?
635. HD 146008 Sp. A3.
636. Minima anscheinend sehr selten.
637. Sehr kleine Amplitude; rötlich.
638. Südlicher Stern eines Paares.
639. Der Veränderliche geht einem Stern $12^m.5$ südlich voraus; unsichtbar auf Joh. Karte $-76°$ Nr. 34.
640. Periode etwa $100^d$.
641. Noch unbestätigt; das Minimum 2428777.285 scheint sicher zu sein.
642. Beobachtung schwierig wegen des Nachbarsterns CPD $-69°$ 2804 ($8^m.4$).
643. Periode etwa $60^d$.
644. Schwierig wegen kleiner Amplitude.
645. Rötlich.
646. Wahrscheinlich langperiodisch.
647. Sehr schwach, Bestätigung erwünscht.
648. Rötlich.
649. Minima selten.
650. Unsicher, da der südlich vorausgehende Stern CoD $-48°$ 12791 ($9^m.9$) die Beobachtung stört; kaum identisch mit LUYTENs Veränderlichem 946.1935 Tel, der $0^m.5$ vorausgeht, $2'.5$ südlich.
651. Anscheinend nicht merklich gefärbt.
652. Rötlich.
653. Wahrscheinlich langperiodisch.
654. Nur 1 Minimum 2428700.52, aber augenscheinlich ganz sicher.
655. Periode etwa $100^d$.
656. Maximum 1937 Juni 8, Dauer mehrere Tage.
657. Gelb.
658. Wahrscheinlich rötlich; vielleicht langperiodisch.
659. Wahrscheinlich RR Lyrae-Typus.
660. Der nachfolgende von 2 Sternen.
661. Rötlich.
662. Der Ort dieses Sterns liegt $6'.7$ südlich des Katalogorts von DM Sagittarii, der aus der Entdeckungsanzeige (HB 813) richtig übernommen ist. DM Sgr konnte nicht gefunden werden (zu schwach?).
663. Minima selten.
664. Rötlich, kleine Amplitude.
665. Nördlicher Stern eines Paares.
666. Periode etwa $150^d$.
667. Rötlich.
668. Wahrscheinlich RR Lyrae-Art.
669. Rötlich.
670. Stern $13^m$ dicht vorausgehend.
671. Gutes Minimum 2428698.527.
672. Gutes Minimum 2428771.285.
673. Identität mit CoD $-29°$ 16831 ($10^m$) ist kaum anzunehmen.
674. Maximum etwa 1937 Juni 15.
675. Rötlich; kleine Amplitude.
676. Wahrscheinlich rötlich.
677. Oft im Minimum.
678. RR Lyrae-Typus?
679. Wahrscheinlich RR Lyrae-Typus.
680. Vielleicht identisch mit LUYTENs Stern 547.1933 Microscopii, aber Widersprüche in Maximalgröße und Rektaszension.
681. Periode etwa $150^d$ bis $180^d$.
682. Hell 1937 Juni 14, aber unsichtbar Juni 13 und 15; keine Bestätigung auf zahlreichen Platten; Bild auf Entdeckungsplatte scheint einwandfrei.
683. Rötlich.
684. HD 198827 Sp. G5.
685. HD 199005 Sp. F2; sicheres Minimum 2428667.57.
686. Die Veränderlichkeit ist schon von HOUGH (Cape Astrogr. Zones I. 405) bemerkt worden, der aber nur angibt „CPD 40° 9422 is var. and too faint" als Grund für die Weglassung des Sterns im Katalog und ohne jede Einzelheit über Grenzgrößen usw. Vorläufige Elemente: Max. $= 2428670 + 190^d \cdot E$.
687. Periode etwa $100^d$.
688. Raschwechselnd.
689. HD 205819 Sp. G5.
690. RR Lyrae-Art?
691. Hell auf Joh. Karte $-34°$ Nr. 130.
692. RR Lyrae-Typus?
693. RR Lyrae-Typus?
694. Wahrscheinlich Bedeckungsstern.
695. Wahrscheinlich RR Lyrae-Art.
696. Rötlich.
697. Nicht stark gefärbt.
698. RR Lyrae-Typus?
699. Der Stern verhält sich meist Algol-ähnlich.
700. RR Lyrae-Typus?
701. Wahrscheinlich RR Lyrae-Typus.
702. Vielleicht Algol-ähnlich.
703. Wahrscheinlich RR Lyrae-Typus.
704. Periode etwa $60^d$.
705. HD 221184 Sp. A5.
706. HD 221621 Sp. Mc; Periode etwa 3 Monate.
707. HD 24083 Sp. A3.
708. Dieser von LUYTEN angezeigte Veränderliche könnte identisch sein mit TZ Tucanae trotz eines Widerspruchs in Deklination von $5'$. Der in vorstehendem Verzeichnis gegebene Ort ist aus den Joh. Karten $-70°$ Nr. 2 und „Small Magellanic Cloud" entnommen und stimmt besser zu LUYTENs Ort. Enger Begleiter $13^m$ südlich vorausgehend; auf den genannten Karten ist nur der Begleiter sichtbar. Am Katalogort von TZ Tuc wurde auf einer Reihe von Platten kein Veränderlicher gefunden.
709. Rötlich; entdeckt von LEAVITT.
710. Viel heller als vom Entdecker LUYTEN angezeigt.
711. HD 70654 Sp. Mb; entdeckt von HOFFMEISTER auf Sonneberger Platten.
712. Entdeckt von O'CONNELL.
713. Entdeckt von HOFFMEISTER auf Sonneberger Platten; nicht im HD-Katalog, wahrscheinlich rot.
714. LUYTEN gibt die Grenzgrößen $14^m.2$ und $15^m.5$; Identität wahrscheinlich wegen guter Übereinstimmung im Ort.
715. LUYTEN gibt die Maximalgröße $14^m.0$, aber Ort gut stimmend.
716. Nördlich folgend auf CoD $-31°$11037 ($9^m.8$).
717. Entdeckt von INNES.
718. Entdeckt von LEAVITT; rötlich.
719. Hell 1937 Mai bis Sept., aufsteigend in der zweiten Januarhälfte 1938; rötlich.
720. LUYTEN gibt die Grenzgrößen $14^m$ und $16^m$; Ort stimmt genau.
721. Entdeckt von INNES.
722. Identität nicht ganz sicher; LUYTEN gibt $13^m.3$ bis $15^m$.
723. Südlicher Stern eines Paares.
724. Identisch mit 72.1937.
725. Identisch mit 74.1937; LUYTEN gibt die Maximalgröße $12^m.7$.
726. LUYTEN gibt die Grenzgrößen $12^m.2$ und $15^m.0$.
727. Grenzgrößen nach LUYTEN $13^m$ und $15^m$.

FSC
www.fsc.org
MIX
Papier | Fördert
gute Waldnutzung
FSC® C083411

Kolibri 360 GmbH
Ferdinand-Jühlke-Straße 7
99095 Erfurt, Deutschland
produktsicherheit@kolibri360.de